微情绪心理学

了解他人，掌控自己

Microemotions are likely signs of concealed emotions.
They occur so fast that most people cannot see or recognize them in real time. Parents, spouses,
friends, and everyone with an interest in building strong and constructive relationships can benefit
from improving their ability to read emotions.

马浩天◎著

苏州新闻出版集团
古吴轩出版社

图书在版编目（CIP）数据

微情绪心理学 / 马浩天著． —— 苏州：古吴轩出版
社，2017. 11（2023.5重印）
ISBN 978-7-5546-1022-0

Ⅰ．①微… Ⅱ．①马… Ⅲ．①表情－心理学－通俗读
物 Ⅳ．①B842.6-49

中国版本图书馆CIP数据核字（2017）第252897号

策　　划：花　火
责任编辑：蒋丽华
见习编辑：顾　熙
装帧设计：润和佳艺

书　　名：**微情绪心理学**
著　　者：马浩天
出版发行：苏州新闻出版集团
　　　　　古吴轩出版社
　　　　　地址：苏州市八达街118号苏州新闻大厦30F
　　　　　电话：0512-65233679　　　邮编：215123
出 版 人：王乐飞
印　　刷：衡水翔利印刷有限公司
开　　本：710×1000　　1/16
印　　张：14
版　　次：2017年11月第1版
印　　次：2023年5月第2次印刷
书　　号：ISBN 978-7-5546-1022-0
定　　价：39.80元

如有印装质量问题，请与印刷厂联系。13381013229

你与朋友正相谈甚欢，对方却突然暴跳如雷，你莫名其妙，不知道他的情绪为何变化这么快。

你登门拜访客户，对方双臂交叉，你摸不着头脑，不知道他是否欢迎你的到来。

你在工作上兢兢业业，领导却不给你好脸色，甚至经常指责你，你摸不透领导的情绪变化，只得一忍再忍。

你在家中默默付出，家人却对你说三道四，你一头雾水，不知道怎么才能取悦家人。

……

在生活中，许多人都善于伪装自己，能够做到喜怒不形于色，这无疑增加了我们与其交往的难度。因此，我们有必要学习一些有关微情绪心理学的知识，通过对方的表情、肢体动作和语言辨识其情绪波动，进而看破其心理，识破其伪装。因为情绪是人遇到刺激时的神经反应，它先于理智思维产生，是一种无法控制的生理反应，无法刻意伪装。也就是说，即使是手法极其高明的伪装者，也不可能把自己的情绪完全隐藏起来。

你的心灵经常被抑郁的阴霾笼罩，毫无缘由地伤感。

你的脾气不好，经常被他人的三言两语激怒，不知道怎么扑灭心中的怒火。

你经常焦虑不安，又无力摆脱这种情绪。

你总是被恐惧困扰，很想战胜它却苦于找不到方法。

你总是不由自主地猜疑他人，怀疑身边的人在算计你，明知自己不该如此，却又控制不住。

……

许多人陷入抑郁、愤怒、焦虑、恐惧、猜疑、沮丧等负面情绪中无法自拔，跌入负面情绪的深渊中。相反，另外一些人却总是坚持希望、拥抱热情、自信满怀、工作积极、内心宁静，仿佛生活在幸福的国度里。为什么会这样呢？面对同样的处境，为何人们的情绪千差万别？情绪又是如何产生的呢？有没有克服它的办法？这是我们每一个现代人都面临的重大问题。

正如约翰·弥尔顿所说："一个人如果能够控制住自己的情绪，那他就胜过国王。"如果我们能够控制自己的情绪，使消极情绪得以宣泄和排解，挖掘潜藏的积极情绪，那么我们就等于掌握了开启幸福之门的钥匙。

识破他人的情绪，从而更好地与他人相处；解密自己的情绪，从而乐享幸福的生活。这就是我们出版此书的目的，也是本书的价值所在。为了达到这一目标，我们始终坚持以下几个基本原则：

1. 通俗易懂，可读性强

对大多数读者来说，专业心理学著作多少有些晦涩难懂，而太肤浅的心理学著作又缺乏可读性，这类著作都是在打击读者的阅读积极性。而这本书以通俗易懂的语言阐述微情绪心理学知识，同时又保证较强的可读性。

2. 内容全面，注重实用性

许多微情绪心理学类书籍所涉及的内容比较窄，而且只注重理论，实用性很弱。而本书吸纳了众多微情绪心理学的研究成果，涉及的领域比较广泛，而且更侧重于如何解决实际问题。

3. 简便易行，可操作性强

本书介绍了许多简便易行的控制情绪、表达情绪、宣泄情绪的方法，借鉴了专业的心理疗法，如ACT疗法、暴露疗法、疏浚法、色彩法、艺术疗法等。这些方法可操作性强，非专业人士也能迅速掌握。

目录
CONTENTS

第九章 **情绪难逃思维的牢笼**

后 记 **识情绪，察心理 / 209**

第一章
打开情绪的密码箱

　　情绪从何而来？什么是情绪ABC理论？情绪也有周期吗？为什么我们的情绪总是受他人影响？我们的情绪就像一个密码箱，里面藏了很多秘密，而只有打开情绪的密码箱，才能知道里面装着什么。

微情绪知多少

情绪是如何定义的？它有哪些分类？情绪对生活有什么样的影响？怎样管理自己的情绪？对于微情绪，你知道多少？

人人都有丰富的情绪，并且每一种情绪都会对我们产生不同的影响。那么，我们对情绪了解多少呢？接下来就让我们从情绪的定义、情绪的分类、情绪对生活的影响、如何管理自己的情绪这几个方面深入了解一下什么是情绪吧！

1. 情绪的定义

提到情绪，就要给情绪下个定义，可是这似乎是一件不可能完成的工作。正如"时间""意识"等概念一样，我们在生活中经常见到并使用它们，却很难给它们下一个准确的定义。事实上，对于情绪的定义，心理学家和哲学家们已经争论了一百多年，但是仍然没有形成统一的定义。一项统计显示，心理学界为情绪下的定义至少有九十种。

在情绪研究中，不同研究者的关注点不同，他们尝试从各自研究的角度给情绪下定义，因此产生了上面所说的定义不统一的现象。在此，我们从大众对情绪的理解的角度，给情绪下一个定义：情绪，是对一系列主观认知经验的统称，是多种感觉、思想和行为综合产生的心理和生理状态。

2. 情绪的分类

人类有几百种情绪，而且有许多混合、变种、突变，甚至还有许多具有细微差异的"近亲"。可以这么说，情绪的微妙之处已经远远超出人类语言能够形容的范围。

美国著名心理学家伊扎德将情绪分为基本情绪和复合情绪。

基本情绪，也被称为核心情绪，也就是情绪的红、黄、蓝三原色。美国加利福尼亚大学旧金山分校的心理学家保罗·艾克曼经过研究发现，人类的确存在少数几种核心情绪。伊扎德确定基本情绪的标准为：基本情绪是先天预成、不学而能的，并具有分别独立的外显表情、内部体验、生理神经机制和不同的适应功能。按照这个标准，伊扎德提出人类具有8～11种基本情绪，它们分别是兴趣、惊奇、痛苦、厌恶、愉快、愤怒、恐惧和悲伤以及害羞、轻蔑和自罪感。

伊扎德把复合情绪分为三类：第一类是在基本情绪的基础上，2～3种基本情绪的混合；第二类是基本情绪和内驱力身体感觉的混合；第三类是感情认知结构与基本情绪的混合。依此分类，复合情绪多达上百种。

3. 情绪对生活的影响

许多人在事业、财富、健康、婚姻、人际关系等方面苦苦追求，百般努力却终究无果，甚至导致郁郁寡欢，患上各种心理疾病。殊不知，问题的根源在于他们生活在一个由自己的经历所编写的程序里。

我们的人生经历所产生的情绪随时随地都会影响当下的生活，虽然时间、地点、事件不同，但是同样的情绪总在不断产生，相同的结果总在一遍遍上演，类似的烦恼与痛苦总在重复。心理学家弗洛伊德发现并证实：人的行为每时每刻都受制于潜意识，也就是心灵的影响，而心灵的形成很大程度上来自人在生命过往中所存储的情绪。

人的情绪随着生命的成长而不断演化和发展，昔日的情绪就像种子一样储存在人的心智中，演变为生命程序，影响一个人当下和未来的生活。假如没有及时化解，那么情绪的种子就会随着时间的推移不断作用于我们的生活，影响我们的命运。

4. 如何管理自己的情绪

情绪能制约人，也能成就人，还能伤害人。因此，我们要管理好自己的情绪。要想管理自己的情绪，就要明白一点：情绪管理是对情绪的调整，而不是压制情绪。因为情绪本身并没有好坏之分，关键在于情绪的表达方式。健康的情绪管理之道是什么？就是用适当的方式在适当的情境中表达适当的情绪。

那么，如何管理自己的情绪呢？

首先，我们要体察自己的情绪。学会体察自己的情绪，是情绪管理的第一步。我们可以经常提醒自己关注自己的情绪，在心中问自己："我现在的情绪怎么样？"比如，和好友相约在某个地方见面，好友姗姗来迟，你可以自问："我现在有什么感觉？在生气吗？"假如你意识到自己在生气，就可以及时调整自己的情绪，做情绪的主人。

其次，适当表达自己的情绪。怎样表达自己的情绪是适当的？怎样表达自己的情绪是不恰当的？我们还以好友迟到为例，界定适当和不适当。你委婉地告诉好友："已经过了约定时间，你还没到，我真担心你在路上出现什么意外，吓死我了！"当你把"我很担心你"的感觉传递给好友时，他就会了解到自己的迟到会给你带来什么感受。这就是适当的表达情绪的方式。相反，假如你指责好友，对方一定会忙着防御外来的攻击，而不是站在你的立场上考虑问题。这就是不恰当的表达情绪的方式。

最后，用恰当的方式疏解情绪。所谓疏解情绪，也就是给自己一个理清思绪的机会，整理自己的情绪。那么，什么样的疏解方式才算是恰当的呢？我们可以通过这几个问题来衡量：我如何做，才不会重蹈覆辙？这样做会造成更大的伤害吗？我怎样才能减少不愉快的感受？问完这几个问题后，你就会明白：找朋友倾诉、听音乐、旅游、痛哭一场等，都是疏解情绪的适当方式；喝酒、飙车、自杀等，都是疏解情绪的错误方式。

心理小课堂 ●

　　一天，德国著名的化学家奥斯特瓦尔德牙疼得非常厉害，心情也很糟糕。他拿出一位不知名的青年寄来的稿件，草草地看了看，觉得满纸都是奇怪的言论，于是顺手将其丢进纸篓。几天后，他的牙痛好了，情绪也好了，此时他想起那些奇怪的言论，觉得应该再看一遍。于是，他急忙从纸篓中把这篇稿件拣出来，仔仔细细地看了一遍，结果发现这篇论文很有科学价值。

　　他把这篇论文推荐给一份科学杂志。这篇论文发表后，很快轰动了学术界，而该论文的作者也因此获得了诺贝尔奖。

　　试想一下，假如奥斯特瓦尔德的情绪没有好转，那么会出现什么样的结果呢？

　　当人处在积极情绪的状态时，很容易就能发挥出自己的水平，判断能力和分析能力都能够正常发挥。相反，当人处在消极情绪的状态时，理智将受到影响，自制力将下降，判断能力和分析能力都会下降，甚至可能做出连自己都觉得不可思议的举动。

情绪究竟从何而来

　　情绪是我们生命中不可分割的一部分，那么，我们的情绪究竟从何而来，是如何产生的呢？

　　每个人都有情绪，会忧虑、紧张、焦躁、怀疑、恐惧、妒忌。可以这么说，情绪是我们生命中不可分割的一部分，有情绪说明我们的生命是流动的。那么，我们的情绪究竟从何而来，是如何产生的呢？

1. 进化主义论

　　在对情绪进行研究的过程中，有一种研究认为，情绪是进化而来的。这种观点认为，情绪是对环境的适应，它是人类祖先在适应自然环境的过程中逐渐形成的，是同时动员多个不同成分来应对并解决遇到的各种问题。比如，汤姆金斯认为："情绪是有机体的基本动机，是一组有组织的反应，一旦这组反应激活，就能够同时使许多身体器官做出相应的反应模式。"

　　继汤姆金斯之后，伊扎德也持有相同的观点，强调情绪的适应性。他指出，情绪是动机，与知觉、认知、运动反应联系紧密。他从功能论的观点出发，强调情绪外显行为——表情的重要性，通过表情把情绪的先天性和社会习得性、适应性和通信交流功能联系起来。同时他认为，情绪应该包括生理唤醒、主观体验和外部表现这三个方面。

2. 身体知觉论

还有一种研究认为，情绪来自对身体变化的知觉。人们旧有的观念认为，我们首先体验到的是情绪感受，然后才体验到一系列的身体变化。比如，我们先感到害怕，然后才出现心跳加快、手心出汗等现象。

不过，早期美国心理学之父詹姆斯提出了相反的观点，认为"情绪是伴随着对刺激物的知觉直接产生的身体变化，以及我们对这种身体变化的感受。通常认为我们因失败而悲伤，而后痛哭；因遇到熊而害怕、战栗，而后逃跑。然而实际上的顺序恰好相反，应该是因痛哭而悲伤，因逃跑而害怕"。

继詹姆斯之后，丹麦心理学家兰格也提出了类似的观点，认为情绪是内脏活动的结果，强调情绪与血管变化的关系。也就是说，詹姆斯和兰格在情绪的由来上保持相同的观点，都认为它产生的顺序应该是情绪刺激引起身体的生理变化，然后这种生理变化进一步导致情绪体验的产生。

3. 认知评价论

除了进化主义论和身体知觉论，还有一种观点叫认知评价论。这种观点认为，情绪反应的产生有一个前提条件——对事件的评价。其实，早在古希腊时期，著名哲学家亚里士多德就提出过类似的观点，认为人的情绪来自我们对世界的看法以及我们与周围人之间的关系。比如，愤怒的产生是因为我们觉得他人在蔑视我们。

继亚里士多德之后，以阿诺德为代表的研究者认为，情绪来自对某一事件的意义和重要性的评价。也就是说，我们对于遇到的事件的重要性评价直接决定着体验到的情绪类型。拉扎勒斯也持有相同的观点，认为"情绪是来自正在进行着的环境中好的和不好的信息的生理心理反应的组织，它依赖于短时的或持续的评价"。

这种论点认为情绪反应的核心是认知评价，可以更好地解释不同情绪之间的区别。比如，在相同的环境下，即便接受相同的刺激，不同的人也会产生不同的情绪。

心理小课堂

认知疗法产生于二十世纪六七十年代的美国，原理是根据人的认知过程来影响其情绪和行为，改变其不良认知。

由于人们的文化水平不同，知识层次存在差异，所处环境不同，所以不同的人对同一问题往往有不同的认知。比如：同一所医院，小孩子根据自己的认知和经验，可能会把它看成一个令人畏惧的场所；成年人根据自己的认知和经验，可能会把它看成一个救死扶伤、减轻痛苦的场所。所以，问题的关键并不在于医院客观上是什么，而在于不同的人由于认知不同，对医院会产生不同的情绪，从而影响人的行为反应。

比如，一个人很自卑，总觉得自己表现得不够好，身边的人都不喜欢他，甚至父母也不喜欢他，因此，他总是闷闷不乐，不愿与人交往。认知疗法的策略就是帮助他打破旧有的错误认知，重新构建认知结构，对自己有一个正确的评价，从而重拾自信。

认知疗法大师艾利斯（Ellis）认为，经历某一事件的个体对此事件的解释与评价、认知与信念，是其产生情绪和行为的根源。所以，当不合理的认知和信念引起不良的情绪和行为反应时，只有通过疏导、辩论来改变和重建不合理的认知与信念，才能达到治疗目的。

认知疗法主要被用来治疗各种疾病和心理障碍，在治疗情绪抑郁症方面效果显著。尤其是对于单相抑郁症的成年病人来说，更是一种效果显著的短期治疗方法。美国宾夕法尼亚大学的专家研究发现，使用认知疗法治疗单相抑郁症患者，只需要经过三个月的治疗，80%的病人都会有显著的改善。

情绪ABC理论：非理性信念欺骗了你

　　激发事件A仅仅是引发情绪和行为后果C的间接原因，而引发C的直接原因则是个体对激发事件A的认知和评价所产生的信念B。

　　情绪ABC理论最初由美国心理学家埃利斯提出。他认为，激发事件A仅仅是引发情绪和行为后果C的间接原因，而引发C的直接原因则是个体对激发事件A的认知和评价所产生的信念B。也就是说，人的消极情绪和行为障碍结果C，并不是由某一激发事件直接引发的，而是由经受这一事件的人对它产生了不正确的认知和评价所产生的错误信念B直接引起的。

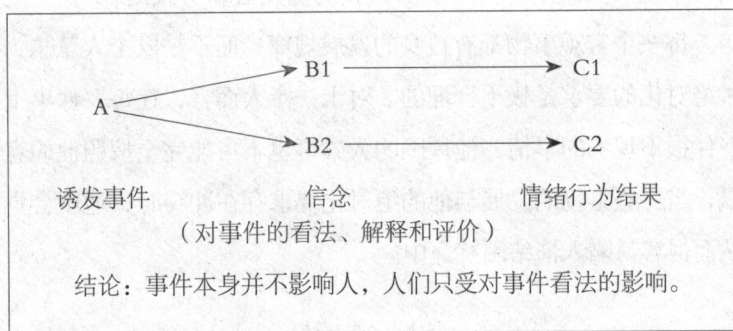

```
        ┌─────────────────────────────────────────────────────┐
        │                  ┌──→ B1 ─────────→ C1             │
        │          A ──────┤                                  │
        │                  └──→ B2 ─────────→ C2             │
        │                                                      │
        │     诱发事件            信念            情绪行为结果     │
        │                （对事件的看法、解释和评价）              │
        │                                                      │
        │   结论：事件本身并不影响人，人们只受对事件看法的影响。       │
        └─────────────────────────────────────────────────────┘
```

　　如上图所示，A指诱发事件，C指情绪行为结果。有诱发事件，必有情绪行为结果，但是同样的诱发事件A，却产生了不一样的情绪行为结果C1和C2。这是因为从诱发事件到情绪行为结果，一定会通过一座桥梁B，这座桥梁就是信念（对事件的看法、解释和评价）。由于在同一诱发事件A下，不同的人对事件的看法、解释和评价不同，所以有B1和B2之分，从而得到不同的情绪行为结果C1和C2。

情绪ABC理论的创始者埃利斯认为，我们产生情绪困扰，是因为我们经常有一些不合理的信念。假如坐视这些不合理的信念，必然会引起情绪障碍。很显然，让我们难过和痛苦的，并不是事件本身，而是对事情不正确的解释和评价。

比如，同样是失恋，有些人觉得这未必就是坏事，所以很快就走出失恋的阴影，而有些人却觉得以后都不会再爱了，从此看破红尘。再比如，面试失败后，有些人觉得这次面试只是一次磨炼自己的机会，失败了也没什么，下次再努力就行了，而有些人则郁郁寡欢，怀疑自己的能力不行。同一件事，由于这两类人对事情的评价不同，他们的情绪体验自然也不同。

一般情况下，人的非理性信念具有以下三个特征：

1. 绝对化的要求

所谓"绝对化的要求"，指的是人们往往以自己的意愿为出发点，认为某事物一定会发生或绝不会发生的想法。它的表现是经常把"想要""希望"等绝对化为"一定""必须"等。比如，"我的朋友必须听我的""我一定要出人头地"等。每一个客观事物都有自身的发展规律，而不是以个人意志为转移，所以这种绝对化的要求是极不合理的。对于一个人而言，在每一件事上都获得成功是一件很不现实的事情，他周围的人或事也不可能完全按照他的意愿而改变。所以，当一些事物的发展与他的绝对化要求存在冲突时，他就会觉得难以接受，从而很容易陷入情绪困扰之中。

2. 过分概括化

所谓"过分概括化"，指的是一种以偏概全的非理性化思维方式，经常把"有些""有时"过分概括化，理解为"一切""总是"。就像埃利斯所说，这就类似于凭一本书的封面来判定它的好坏。它主要体现在人们对他人和自己的不合理评价上，最典型的特征是拿某一件或某几件事来评价他人或自身的整体价值。比如，一些人偶尔遭遇失败，就把自己看成一个一无是处的人，这种绝对的自我否定很容易让人产生自罪自责、自卑自弃等不良情绪。假如这种评价指向他人，还会让人一味地指责别人，产生各种消极情绪。所以，我们应该认识"金无足赤，人无完人"这样一个客观事实，谁都有犯错误的可能。

3. 糟糕至极

持有这种观念的人，往往太过悲观，觉得发生一件不好的事情是十分糟糕的、非常可怕的。比如，"这下真的完了，我没通过面试，以后的生活完了""我工作没做好，以前的所有努力都白费了"等。无论是什么事情，称之为"糟糕至极"都不是最准确的，因为总会有更糟糕的情况发生。假如一个人一直持有"糟糕至极"的观念，那么当他遇到更糟糕的事时，一定会一蹶不振，产生足以令其崩溃的不良情绪。

总之，"绝对化的要求""过分概括化"和"糟糕至极"都是人的非理性信念，很容易使人产生不良情绪。所以，在日常生活和工作中，一旦遇到挫折，就要看看自己是否存在这些非理性信念。假如存在这种非理性信念，就要有意识地改变，用合理的观念取而代之。

心理小课堂

埃利斯研究人的本性，发现几个规律，归纳为以下几点：

1. 人可以是合理的、有理性的，也可以是不合理的、无理性的。如果按照理性去思考、去行动，人就会非常愉快、富有竞争精神、行动卓有成效。

2. 情绪的产生源于人们的思维，所以心理上的困扰往往源于不合理的、不合逻辑的思维。

3. 人具有一种社会学和生物学的倾向性，分别倾向于有理性的合理思维和无理性的不合理思维。也就是说，每一个人都不可避免地具有或多或少的不合理的思维与信念。

4. 人是懂语言的动物，思维借助于语言而进行，不断地用内化语言重复某种不合理的信念，必然会导致无法排解的情绪困扰。

钟摆效应：情绪也有周期

情绪就像一张晴雨表，有固定的周期。另外，男性的情绪周期和女性的情绪周期有很大的区别。而只有准确掌控情绪的周期，才能合理控制情绪。

你是否有过这样的体验：升职加薪时，心情无比激动，心花怒放，可是几天后，突然觉得没什么可高兴的，开始为人际关系或其他事情感到心烦。

正如大海有潮汐，月亮有盈亏，人的情绪也有周期。就像钟摆会忽高忽低一样，人的情绪总是在激昂和低落间交替。在特定背景的心理活动过程中，感情的等级越高，心理斜坡就越大，所以很容易向相反的情绪状态转化。也就是说，假如此刻你感到非常开心，那么下一时刻出现的极有可能就是悲伤。

科学研究表明，一般情况下，人的情绪周期为28天，从高潮、临界到低潮循环往复。当一个人的情绪处于情绪周期的高潮时，这个人往往会感到心旷神怡，表现出强烈的生命活力，感情丰富，对人和蔼可亲；当一个人的情绪处于情绪周期的低潮时，这个人往往会感到孤独与寂寞，脾气暴躁，很容易产生反抗情绪，甚至喜怒无常。

情绪周期就像是我们情绪的晴雨表，我们可以根据这一点合理安排自己的工作和生活：情绪高涨时，适当安排一些难度比较大、比较烦琐的工作，做一些不想做的事情；而在情绪低落时，出门散散心，安排一些娱乐活动，和亲朋好友聊聊天，寻求他人心理上的支持，从而安全地度过情绪低潮期。

那么，男性和女性的情绪周期有哪些不同呢？下面我们来了解一下。

1. 男性的情绪周期

有些人觉得男性好像没什么情绪，其实这是对男性的误解。实际上，这是因为男性的情绪比较隐蔽。假如你留心观察身边的男性，一定可以发现，他们也有心情烦闷的时候，也有情绪低潮期。比如，他每天都乐呵呵的，见了熟人主动打招呼，在办公室是个"开心果"，可是有一天突然不喜欢说话了，一个人孤独地坐着，那很可能就是他的情绪处于低潮期。

有些女性不了解男性的这一特性，发现自己的丈夫突然疏远自己，表现得很冷淡，躲在一边打游戏或看电视。尝试接近他时，他的反应令人很难接受。不明真相的女性往往会产生误解，觉得是因为丈夫不爱自己了，其实并非如此。每个人都有一定的情绪周期，只不过有些人表现得明显，而有些人表现得不明显。一般人的情绪低潮期一个月左右就会出现一次，所以在这个时期出现心情烦闷、无故发怒等现象都是十分正常的。此时，做妻子的不应该抱怨和怀疑，而应该理解自己的丈夫，帮助他做好心理疏导工作。

2. 女性的情绪周期

女性的情绪周期，与女性的生理周期存在一定的联系。为了说明这一点，研究员对96例17～45岁女性自杀患者进行分析。结果发现，在96例对象中，能够了解详细的月经情况的有85例，其中处于月经期的有55例，处于非月经期的有30例。在这55例处于月经期的人中，月经异常者多达34例。这就在很大程度上说明一个问题，即经期是女性情绪低潮期，假如遇到挫折或受到精神上的刺激，就有可能产生过激行为。因此，家人应该多体谅处于经期的女性，帮助她们顺利度过情绪低潮期。

对于女性来说，在生理周期来临的时候，要提醒自己不要忧郁、焦虑，更不要随便对人发脾气，这样就能帮助自己舒缓情绪，保持平和的状态。建议女性朋友在日历上标出自己的情绪周期，一旦感到忧郁、焦虑，想发脾气，立即查看一下是不是自己的情绪低潮期到了。这种方法可以帮助女性舒缓情绪，控制好情绪周期。

心理小课堂

　　加州大学的雷克斯·赫西教授进行了一项科学研究，结果发现，人类的情绪周期平均为五周。也就是说，由高兴到沮丧，再回到高兴，一般要经过五周的时间。当然，也许你的情绪周期比较长或比较短。在此，我们介绍一种制表法，帮助你了解自己的情绪周期。

　　我们以一年中的某个月为例，纵行填写1号、2号、3号……31号，横行填写不同的情绪指数，比如兴高采烈、心情愉悦、感觉不错、平平常常、感觉不好、伤心难过、沮丧郁闷等。如下表所示：

情绪指数表

情绪指数 / 日期	兴高采烈	心情愉悦	感觉不错	平平常常	感觉不好	伤心难过	沮丧郁闷
1号							
2号							
3号							
……							
30号							
31号							

　　每天晚上睡觉前，可以好好想一想当天的情绪，在相应的表格内做上记号。每逢月末，观察一下你的情绪变化，总结出其中的规律。连续几个月，你就会惊奇地发现，什么时候你的情绪高潮将至，什么时候你的情绪低潮要来。知道了这一点，你就有了预测自己情绪变化的能力，并能够相应地调整自己的日常行为。比如，在情绪低落时，不妨鼓励自己这种情况即将过去；在情绪高昂时，注意提醒自己保持理性。

巴纳姆效应：他人总能左右你的情绪

在日常生活和工作中，做到时刻反省自身是很不现实的，于是许多人都只能借助外界信息来认识自己。所以，人们在认识自我的过程中很容易受到外界信息的影响，在周围信息的暗示下迷失方向，以他人的言行为标准。

所谓巴纳姆效应，指的是人们经常认为一种笼统的、一般性的人格描述十分准确地揭示了自己的特点。就算这种描述十分空洞，他仍然认为这种描述反映了自己的人格面貌，哪怕自己根本不是这种人。

爱因斯坦的父亲给爱因斯坦讲了这样一个故事：

"我和咱们的邻居杰克大叔去清扫南边工厂的一个大烟囱。我们必须踩着里边的钢筋踏梯才能爬上那个大烟囱。你杰克大叔在前面，我在后面。我们抓着扶手，一阶一阶地终于爬了上去。从烟囱上下来时，你杰克大叔依旧走在前面，我还是跟在他的后面。等我们钻出烟囱时，我发现了一件奇怪的事情：你杰克大叔的后背、脸上都被烟囱里的烟灰蹭黑了，而我身上连一点烟灰也没有。"

爱因斯坦的父亲继续微笑着说："我看见你杰克大叔的模样，心想我肯定和他一样脸脏得像个小丑，于是我到附近的小河里洗了又洗。而你杰克大叔看见我钻出烟囱时干干净净的，就想当然地认为他也和我一样干净，于是只草草洗了洗手就大模大样地上街了。结果，街上的人笑得肚子都痛了，还以为你杰克大叔是个疯子呢。"

爱因斯坦听罢，忍不住大笑。

此时，爱因斯坦的父亲郑重地对他说："其实，别人谁也不能做你的镜子，只有自己才是自己的镜子。拿别人做镜子，白痴或许会把自己照成天才。"

其实，人在生活中无时无刻不受到他人的影响，看到别人在做什么，自己潜意识里就觉得也该做什么，所以只能没有主见地受他人影响，做任何事时都会产生意识上的偏差，总是无法找到正确的思路。

我们都是社会上的人，不可能脱离社会而独自存活。既然如此，我们的情绪就难免受他人言行的影响。所以，我们应该客观看待事物，有自己的价值观，有自己的评判标准，这样才能控制自己的情绪，不让自己的情绪轻易被他人左右。

要避免巴纳姆效应，客观真实地认识自己，控制好自己的情绪，可以通过以下几个途径来实现：

1. 学会面对自己

有这样一个题目：一个女人落水后被人救起，醒来后发现自己一丝不挂，她的第一反应是什么？答案竟然是尖叫一声，然后用双手捂住自己的眼睛。她为什么会做出这样的举动呢？从心理学上说，这是非常典型的不愿面对自己的例子，因为觉得自己有缺陷，所以就通过自认为正确的方式把缺陷掩盖起来。所以，要想控制自己的情绪，就要对自己有一个正确的认识，学会面对自己。

2. 培养收集信息的能力和敏锐的判断力

有哪个人天生就具有审慎的判断力呢？其实，判断力是一种在收集信息的基础上进行决策的能力，所以绝对不能忽视信息对判断的支持作用。假如没有收集到足够的信息，就无法做出明智的决断。

3. 保持冷静

当你和别人发生争执或听到让你愤怒的言论时，首先要保持冷静，在心里默默地从一数到十，让自己恢复平静。要知道，假如你情绪焦躁或暴跳如雷，并不会有什么好的结果，反而会使你的情绪越来越糟糕。一旦你想明白了这些问题，就不会再有那么大的情绪波动了，也就可以做到不受他人影响了。

心理小课堂

为了验证巴纳姆效应，心理学家弗拉于1948年对学生进行了一次人格测验，让学生对测验结果与本身特质的契合度进行评分（0分最低，5分最高）。其实，每一个学生得到的"个人分析"都完全一样：

"你希望受到他人喜爱，对自己却吹毛求疵。你的人格有一些缺陷，不过大体而言你能找到弥补的办法。你有很多潜能尚未得到发挥。你看上去好像强硬、严格自律，内心却不安、忧虑。很多时候，你严重怀疑自己做的事情或做出的决定是否正确。你喜欢一定程度的变动，一旦受到限制，就会心生不满。你为自己是独立思想者而自豪，不愿接受那些没有充分证据的言论。你觉得对他人过度坦率是一种很不明智的做法。有时候你外向、亲和、充满社会性，有时候你却内向、谨慎、不爱说话。你有些梦想与现实不符。"

结果发现，同学们的平均评分为4.26分。最后，弗拉揭晓，这些内容是从星座与人格关系的描述中搜集出来的。实际上，这些笼统的描述用在谁身上都合适。正如著名杂技师肖曼·巴纳姆在评价自己的表演时说，他之所以受人欢迎，是因为节目中包含了每个人都喜欢的成分，从而使每一分钟都有人上当受骗。

心理测试　你的情绪稳定吗

　　每个人都有自己的情绪，它会影响我们生活中的方方面面。通常能控制好情绪的人比较容易被人们接纳，而动不动就发脾气的人往往都令人反感。那么你的情绪是稳定的吗？做一下这个测试看看吧。

（测试内容）

请根据自己的实际情况如实选择答案。

1. 每天清晨起床时，你经常有什么样的感觉？
　　A. 忧郁　　　　　　　B. 快乐　　　　　　　C. 说不清楚

2. 你的朋友、同事或同学是否给你起过绰号或挖苦过你？
　　A. 经常出现　　　　　B. 从来没有　　　　　C. 偶尔有

3. 看到自己最近拍摄的照片，你如何评价？
　　A. 觉得不满意　　　　B. 觉得非常好　　　　C. 觉得一般

4. 你躺到床上后，是否经常再起来一次，检查一下门窗是否关好？
　　A. 经常这样做　　　　B. 从来没这样做过　　C. 偶尔会这样做

5. 你是否想过许多年后将有什么令你不安的事情发生？
　　A. 经常想　　　　　　B. 从来没有想过　　　C. 偶尔会想

6. 那些与你关系最亲密的人，你对他们感到满意吗？
　　A. 不满意　　　　　　B. 非常满意　　　　　C. 基本满意

7. 你是否觉得自己有些能力比其他人强？

    A. 是   B. 否   C. 不清楚

8. 你是否曾看到、听到或感觉到别人觉察不到的东西？

    A. 经常这样   B. 从不这样   C. 偶尔这样

9. 你是否觉得有人在注意你的言行？

    A. 是   B. 否   C. 不太清楚

10. 身边有人自杀，或知道熟悉的人突然自杀，你对此有什么看法？

    A. 觉得可以理解   B. 觉得不可思议   C. 不清楚

11. 如果有人跟在你后面走，你是否会觉得不安？

    A. 是   B. 否   C. 不清楚

12. 当你一个人走夜路时，是否觉得前面暗藏着危险？

    A. 是   B. 否   C. 偶尔

13. 半夜三更，你是否经常觉得有什么事情令你恐惧？

    A. 经常   B. 从来没有   C. 偶尔有这种情况

14. 你是否经常觉得你的家人对你不好？

    A. 是   B. 否   C. 偶尔

15. 你是否有过多次做同一个梦的情况？

    A. 有   B. 没有   C. 记不清楚

16. 你是否经常因做噩梦而惊醒，然后就再也无法入眠？

    A. 经常   B. 没有   C. 极少

17. 你心中除了这个看得见的世界，是否还有一个看不见的世界？

    A. 有   B. 没有   C. 不清楚

18. 你是否经常觉得你现在的父母并不是你的亲生父母？

    A. 经常   B. 没有   C. 偶尔有

19. 你是否觉得有一个人爱你或尊重你？

    A. 是   B. 否   C. 说不清

20. 你平时是否觉得自己爱发脾气？

    A. 是   B. 否   C. 不清楚

21. 你是否觉得没有人了解你?

    A. 是　　　　　　　B. 否　　　　　　　C. 说不清楚

22. 秋天到来时,你往往会有什么样的感触?

    A. 感觉万物落败　　B. 感觉秋高气爽　　C. 没有特别的感触

23. 一个人待在房间里,你会觉得孤独吗?

    A. 是　　　　　　　B. 否　　　　　　　C. 偶尔会

24. 回到家中,你会把自己关进房间吗?

    A. 是　　　　　　　B. 否　　　　　　　C. 偶尔会

25. 你经常有辞职的冲动吗?

    A. 是　　　　　　　B. 否　　　　　　　C. 偶尔有

26. 你是否经常看不惯某个人,觉得对方身上有很多令人难以忍受的缺点?

    A. 是　　　　　　　B. 否　　　　　　　C. 偶尔

27. 当你得知有人在背后说你的坏话时,你会怎么做?

    A. 怒不可遏地找对方理论　　　　　　B. 忍受

    C. 不再和对方来往

28. 看到公园里的花被风吹落,你有什么感觉?

    A. 觉得美好的事物难长久　　　　　　B. 觉得画面好美

    C. 没有特殊感觉

29. 领导当着众多同事的面批评你,你会怎样?

    A. 气急败坏　　　　　　　　　　　　B. 虚心接受批评

    C. 接受批评,但心里很难过

30. 和比较在乎的人吵架后,你会怎么做?

    A. 再也不理对方　　B. 主动调和关系　　C. 生闷气

(计分方法)

以上各题的选项,选A得2分,选B得0分,选C得1分。请统计各题得分并计算出总分。

结果分析

如果总分在0～20分，说明你情绪稳定、自信心强，能理解他人的心情，是一个性情爽朗、受人欢迎的人。

如果总分在21～40分，说明你情绪基本稳定，性格比较沉稳，但是热情忽高忽低。

如果总分超过40分，说明你情绪非常不稳定，平时烦恼很多，经常处于矛盾之中，有必要调整自己的情绪。

第二章
表情是表达情绪的主要途径

　　专家认为，人的表情非常丰富，而人的面部是最富表现力的部位。它能全方位地表达多种复杂的情绪，比如冷漠、恐惧、愤怒、惊奇、悲伤、轻蔑、厌恶等。仔细观察一个人的表情，我们就能破译他的情绪密码。

眉毛会泄漏玄机

眉毛就像一个反映情绪的"敏感显示器"，能显示出内心变幻不定的情绪。它所反映的信息和眼睛、鼻子、嘴巴反映的信息同样重要。

"坐闷低眉久，行慵举足迟""千愁万恨两眉头""才下眉头，却上心头"……有很多诗句都通过描写眉毛来传情达意，似乎眉毛已经和忧愁的情绪联系在一起。当然，眉毛不仅代表忧愁，还代表诧异、希望、怀疑、惊奇、傲慢、愤怒等情绪。

许多人都已经习惯从人的眼睛、鼻子、嘴巴的变化中识破对方的情绪波动，而对眉毛却没有给予足够的重视。原因可能是眉毛本身很难引起别人的注意，不像眼睛、鼻子和嘴巴那样引人注目。但它所反映的信息和眼睛、鼻子、嘴巴反映的信息同样重要。

假如我们只注重眼睛、鼻子、嘴巴传达的信息，却不注重眉毛传达的信息，那么我们从对方面部所获得的信息将是不全面的，很容易被引向错误的方向。尤其是遇到善于伪装的高手时，从眼睛、鼻子、嘴巴这些部位很难看出什么异样，从眉毛却可以看出端倪。一个人的情绪改变，眉毛的形状也会随着改变。假如有人想通过改变眉形的变化来掩饰自己的真实想法，最终只会徒劳无功，因为这样做难度太大了。

美国社会心理学家琳·克拉森被人称为"读脸专家"，她深入研究性格和面部表情之间的关系，做了大量实验，最后发现要想隐藏或改变面部的细微变化对于人们来说是极其困难的。其中，眉毛的变化恰好就是非常细微的面部表情。研究发现，眉毛可以做出二十几种动态，并且代表着不同的情绪和心理。比如：当一个人陷入忧愁时，他往往会紧锁眉头；当一个人忧愁消散，心中畅快时，他往往会舒展眉头；当一个人难以抑制内心的欢喜时，他往往会眉开眼笑。

人类有喜怒哀乐的感觉，并产生了各种各样的情绪，而眉毛则成了一个反映情绪的"敏感显示器"。那么，这个"敏感显示器"都显示了哪些内容呢？

1. 皱眉

当遇到困难、危险或不顺心的事情时，人们就会情不自禁地皱眉，使眉毛稍微向内聚拢，缩短眉毛之间的距离。皱眉是一种特别常见的表情，能够代表的情绪有很多种，比如，快乐、怀疑、惊奇、傲慢、疑惑、恐惧、否定等。

2. 耸眉

当对方感到不开心或无可奈何时，往往会出现耸眉的动作，也就是先扬起眉毛，停留片刻后再下降，同时伴随着嘴角迅速往下一撇的动作，但是脸上的其他部位却没有太明显的变化。除此之外，对方在强调自己的观点的时候，通常也会出现这种动作。一般情况下，这样做可以理解为他想让你赞同他的观点。

3. 扬眉

"扬眉吐气"这个成语经常用来形容压抑已久的情绪得到舒展后得意的样子。如果一个人的眉毛上扬，表示他十分欣喜或十分惊讶。此时，对方的心情起伏非常大，假如你有什么事情想要告诉对方，那么最好等他心情稍微平复后再说。

4. 抬眉或降眉

如果眉毛突然抬高，则表示吃惊；如果眉毛完全抬高，则表示某件事或某个消息令人难以置信。仔细观察身边的人，当他们的眉毛做出这种动作时，往往是因为他们刚接触一件不可思议的事情。如果眉毛突然降低，则表示对方不赞成你所说的话。如果眉毛降低一半，表示对方很不理解，还存有一定的疑惑。如果眉毛完全降下，表示对方很生气，已经达到一触即发的程度，此时，你最好识趣地避开敏感话题，或者找个借口避开锋芒。

5. 闪眉

刚会面时，假如对方的眉毛突然抬高，然后又瞬间恢复至原位，就像流星从天际划过一样，我们把它叫作闪眉。这是一种通用的信号，表示热情欢迎，是一种友善的行为。当眉毛连续闪动时，表明对来访者的到来感到特别惊喜。这种表情一般出现在久别重逢的老朋友之间，通常伴随着仰头和微笑的动作。

心理小课堂

　　眉毛的变化是丰富多彩的。心理学家指出，人类的眉毛可以呈现出二十几种不同的动态，并且眉毛动态不同，情绪也不同。那么，不同的眉毛动态，分别反映了什么样的情绪呢？

眉毛动态	反映出的情绪
单眉上扬	表示不理解、有疑问
双眉上扬	表示非常欣喜或极度惊讶
皱起眉头	表示陷入困境或拒绝、不赞成
迅速上扬	说明心情愉快、内心赞同或对人表示亲切
完全抬高	表示难以置信

（续表）

眉毛动态	反映出的情绪
半抬高	表示大吃一惊
半放低	表示疑惑不解
全部降下	表示怒不可遏
眉毛倒竖，眉角下拉	说明极端愤怒或异常气恼
眉头紧锁	表示内心忧虑或犹豫不决
眉梢上扬	表示喜形于色
眉心舒展	表示心情坦然、愉快

会"说话"的眼睛

眼睛只是人体的一个很小的器官，不过，它是人类五官中最敏锐的器官，感觉领域几乎涵盖了所有感觉的70%，起着很大的作用。它不仅可以表现出一个人的情感，还可以泄露一个人的情绪密码。

孟子曾说："存乎人者，莫良于眸子。眸子不能掩其恶。胸中正，则眸子了焉；胸中不正，则眸子眊焉。听其言也，观其眸子，人焉廋哉？"意思是说："观察一个人，没有比观察人的眼睛更好的了。眼睛不能遮掩人们内心的丑恶。如果一个人心中正直，眼睛就会显得清澈明亮；如果一个人心中不正直，眼睛就会浑浊失神。听一个人说话，观察他的眼睛，这个人内心的好坏又怎么能隐藏得了呢？"

眼睛是心灵的窗户，我们的眼睛能够传达出我们的情绪。可以毫不夸张地说，眼睛所展现的表情在面部表情中是最复杂、最微妙、最富有表现力的。倾听对方说话时几乎不看对方的眼睛，那是企图掩饰事实的表现。

有时候，海关的检查人员在检查已填好的海关报表时，往往会多问一句："还有什么要呈报的东西吗？"此时，检查人员的眼睛并不是盯着海关报表，而是盯着对方的眼睛。假如对方不敢坦然正视检查人员的眼睛，往往说明了他心里有鬼。

从生理学的角度来讲，眼睛是大脑在眼眶中的延伸。眼珠转动的速度和方向，瞳孔的变化，等等，都直接受脑神经的支配，再加上眼皮的张合，以及眼睛与头部动作的配合等一系列动作，眼睛自然而然能反映出一个人的情感。

那么，眼睛的变化分别表达了什么样的情绪呢？

1. 眼睛睁大

如果一个人的眼睛比平时睁得大一些，并且眉毛上扬，眉头紧缩，就说明他在生气。当某个人直接盯着另一个人，显示出紧张的眼部状态，同时上下眼皮也随之紧张，眼睛眯成一条缝时，说明他非常愤怒。他这样做是为了宣泄内心的愤怒，达到吓唬甚至威胁对方的目的。另外，如果一个人的眼睛睁得很大，同时嘴巴张开，表情僵硬，一般是非常惊恐或震惊的意思。

2. 眨眼

如果一个人在一秒钟之内连续眨眼几次，表示他情绪活跃，对某件事十分感兴趣，有时也可以理解为个性怯懦、羞涩，不敢正眼直视。正常情况下，一般人每分钟眨眼五至八次，并且每次眨眼的时间都不超一秒钟。如果时间超过一秒钟，则表示厌烦、不感兴趣，也有藐视对方和不屑一顾的意思。如果是连续眨眼，则代表着对方极力抑制自己的心情。如果一个人的眼睛眨得比较厉害，往往说明他很紧张。

3. 眯眼

与他人交谈时，如果对方眯起双眼、眉头紧皱，不停地打量你，表示他对你充满了疑惑。他希望从你身上寻找到蛛丝马迹，从而验证自己的判断。这种表情主要表达一种不认可、不确定的态度，经常出现在某人对某个决定没有把握的时候。

4. 长时间闭眼

如果一个人长时间闭眼，同时伴随着呼气的动作，说明他心中焦虑，压力很大。不过，当一个人不敢面对某件事情或某个人，想逃避时，也会做出长时间闭眼的动作。比如，走在大街上，突然遇到一个不想见的人，担心对方发现自己，往往会做出长时间闭眼的动作。

5. 眼睛看向别处

与他人交流时，如果对方的眼睛看向别处，那么往往意味着他对你不感兴趣或没什么好感。另外，眼睛看向别处也可能是自卑或羞涩的表现。眼睛是心灵的窗户，一个人被人看久了，就会被看穿内心。所以，如果对方不敢正视你的眼睛，眼睛总是看向别处，也可能是因为他想极力隐藏自己心中的秘密，怕你看穿他的心思。

心理小课堂

心理学家研究发现，眼睛能传神，实际上与瞳孔的扩大和缩小，眼球的转动，眼皮的张合程度有很大的关系。

人的情绪和瞳孔的变化密切相关。令人欢喜的刺激会使人的瞳孔扩大，而令人厌恶的刺激却可以使人的瞳孔缩小。另外，当一个人恐慌或兴奋时，他的瞳孔会扩大到平常的四倍，所以，有人把瞳孔的变化说成是中枢神经系统活动的标志。

通过眼球的转动也可以看出一个人的情绪。比如：如果对方的眼球比较稳定，转动比较少，说明他态度诚恳；相反，如果对方目光游移闪烁，则说明他心机比较重，态度不够诚恳。

通过眼皮的张合程度也能看出一个人的情绪。如果对方耷拉着眼皮，说明他沮丧、懊恼；如果对方双眼半闭，说明他轻狂傲慢、目中无人。

从眼神看情绪

现代美容技术已经可以改变人的眼眶、眼角、眼梢、眼皮，甚至眼睫毛，却改变不了人的眼神。无论美容技术多么高超，都无法通过化妆或整容来掩饰眼神。因此，与其听他口若悬河地说，不如仔细观察他的眼神。

我们在电视上经常看到，有些赌徒下注时喜欢戴上墨镜，以这种方式遮挡自己的眼神，避免对手从眼神中看破自己的情绪。这就证明，眼神的变化和心理活动有着极其密切的关系。

在当今社会里，我们难免要接触各种各样的人，为了让自己更好地与人交往，要具有能够透过一个人的眼神看情绪的能力。大多数人都相信，只有眼神是不会骗人的，所以，如果你想窥探一个人的内心世界，那么不妨尝试从他的眼神入手。

那么，通过对方的眼神能洞悉哪些情绪变化呢？

1. 眼神发亮，略带阴险

如果对方眼神发亮，略带阴险，表示对方不信任你。两个人争吵时，假如一方带着这种眼神，则表明他带有敌意。被朋友或同事误会，向对方解释时，对方通常也会出现这种眼神。

2. 眼神无神

有人认为，当人没有心怀不满时，才会眼神无神。其实，这是一种错误的观点。比如，你与前女友相遇，对她说："我刚好路过这里，没想到能遇到你，可以一起喝杯咖啡吗？"此时，如果对方只是一时脸上充笑，然后很快就恢复眼神无神的状态，往往意味着心中不安，对现状不满。

3. 眼神专注

与对方交谈时，如果对方的眼神很专注，那么说明对方在非常专心地听你说话。可以从两个方面来理解这种情况：其一，你说的话的确是对方感兴趣的话题，对方也非常乐意听你的絮叨；其二，对对方而言，你说的话几乎没什么用，对方只是出于礼貌和尊重，才没有粗鲁地打断你的话。

4. 眼神游移

很多时候，眼神游移是内心不安的象征。在这里，我们应该关注一个特殊的群体。在医学领域，他们被称为"视线恐惧症患者"。他们的视线与别人的视线接触后，通常会立即转移到别处，然后眼睛不由自主地东张西望，感觉非常不舒服。

5. 仰视或俯视的眼神

假如对方看你时是一种仰视的眼神，则表示他很尊重你，非常敬佩你；相反，假如对方看你时是一种俯视的眼神，则表示他有意保持自己的尊严，或者略感空虚。

6. 眼神犀利、严肃

假如对方的眼神犀利、严肃，那么对方很可能是在向你发出警告，提醒你不要触犯他的底线。

心理小课堂

　　人具有解读眼神的天赋，这从婴儿时期就已经充分显露出来。一个婴儿刚出生2~5天，就能判断别人的眼神是否注视着自己。长到4个月大时，他们就能够区分游移和直视。长到9~18个月大时，他们就能够读懂眼神透露出的深层含义。

　　据说，在繁杂的人群中，有经验的警察凭着眼神就能够辨别出尚未作案的小偷。因为小偷的眼神与正常人的眼神有明显的不同。不管在什么情况下，小偷总是注视着别人的衣兜、皮包。走进商场，小偷既不购物，也不关注商品，而是趁顾客结账之际观察顾客的钱包放在什么地方。作案前，他们往往会东张西望，观察是否有人注视他们，尤其是观察一下周围是否有警察。作案时，他们往往会屏住呼吸，精神紧张，两眼发直、发呆。有经验的警察通过观察他们的眼神，就能发现他们。

嘴部小动作展示各种情绪

　　● 嘴巴并非只有在说话时才能展示各种情绪，不说话的时候，嘴部的小动作一样能展示各种情绪。实际上，嘴巴是面部极富表现力的一个部分。

　　在人面部的各个器官中，嘴巴所处的位置比较明显，目标比较大，可以表现的动作也比较多，而牙齿周围的口匝肌在长期说话的过程中已经被训练得十分灵活，所以经常会下意识地做出许多动作。

　　观察一个人的面部表情，绝对不能忽视嘴部的小动作，因为嘴巴和嘴巴周围肌肉的变化使得嘴部小动作成了看穿对方内心的突破口。嘴角上扬表示高兴，嘴角下垂表示痛苦，嘴巴张大表示惊讶，嘴唇紧闭表示生气……嘴唇上的肌肉可以表现出细微、复杂的变化来，就算是那些不易察觉的细微情绪变化，也会通过灵活的口匝肌表现出来。

　　嘴巴在五官中占据重要地位，一张一合、向前向后、向上向下……每一个动作都是一个有价值的信息。可以说，嘴巴的表现形式很丰富。那么，如何通过嘴部小动作探知一个人的情绪呢？

1. 嘴唇紧抿

　　当一个人藏起或拉紧自己的嘴唇时，往往表明他正面临着压力。随着压力逐渐加大，原先丰满的嘴唇会逐渐变得扁平，并最终变成一条直线。这个时候，说明他的情绪已经跌至谷底。如果一个人嘴唇紧抿，就说明他很焦虑，压力很大，因为嘴唇紧抿是自我抑制的表现。

2. 嘴唇缩拢

在交谈的过程中，如果对方嘴唇缩拢，意味着他对你所讲的内容心生不满，希望你及时打住或转换话题。许多场合都会出现嘴唇缩拢的情况。比如，双方律师辩论时，一方律师陈述己见，另一方律师往往会嘴唇缩拢以示意见不同。又比如，警察在审讯案件时，如果掌握的关于某个嫌疑人的信息出现错误，那么嫌疑人就会缩拢嘴唇，以此表示调查人员的陈述出现错误。

3. 嘴角向上或向下

嘴角向上，意味着对方心情舒畅，也是善意、有礼貌的表现。嘴角向下，意味着对方的情绪很低落，正处在悲伤、痛苦之中，也是无可奈何的表现。

4. 撇嘴

当一个人不开心的时候，往往会做出下唇前伸、嘴角下垂的动作，我们称之为撇嘴。撇嘴表达了一种负面情绪，经常在悲伤、愤怒、绝望、鄙夷时出现。在与人交谈时，如果对方下嘴唇往前撇，表明他不相信接收的外界信息，并且希望得到肯定的回答。

5. 舌头舔嘴唇

一个人频繁舔嘴唇，是因为他感到口干舌燥，希望通过舔嘴唇使嘴唇湿润一些，这说明他面临着很大的压力。研究表明，当一个人感到不自在或紧张时，会用舌头反复地舔嘴唇，以此来安慰自己，并试图通过这种方式让自己内心平静。

心理小课堂

在商务谈判中，对手所说的话往往是不可信的，不过，从他们嘴部的小动作却可以看出玄机。身体语言学家经过观察发现，嘴部的小动作常常能展现一个人的情绪变化，让谎言不攻自破。

1. 抿嘴唇

在谈判的过程中，假如看到对方抿嘴唇，则说明他主意已定，已经做好了充分的准备，不会轻易退让。假如对方抿嘴唇，同时目光不与你接触，则说明他内心深处有不愿透露的秘密，之所以抿嘴唇，是因为怕自己泄漏信息。

2. 咬嘴唇

在谈判的过程中，假如对方常常咬嘴唇，则说明他怀疑自己的能力，对谈判没有足够的信心。如果在谈判中看到这样的动作，则说明对方已经开始妥协，马上就要认输了。

3. 嘴不自觉地张开

在谈判的过程中，假如对方的嘴巴不自觉地张开，看上去很懒散，则说明他对自己所处的环境感到厌倦，或者是搞不懂讨论的话题，没有足够的信心来应对。

4. 嘴向上噘

嘴向上噘意思是对方有异议，对你提出的条件非常不满。从心理学的角度分析，这是当事人将不满意的意见"拒之门外"的表现。在商务谈判中，如果对方做出这样的动作，通常他们不会答应任何条件，而是等着你调整策略。

下巴也能窥探人心

　　从下巴的前伸和收缩可以看出一个人的情绪，它和内心的变化密切相关，看似很平常的下巴，其实能向我们传达重要的信息。

　　与其他面部表情不同，下巴的动作并不明显，在日常生活或工作中，大家对它的关注度往往很低。不过，它在很大程度上反映了一个人的情绪，的确能展现人们的心理变化。经验丰富的人，可以从下巴入手，看出人们的情绪，进而对他们的心理进行解析。

　　比如，收起下巴表示隐忍，耷拉下巴表示困乏，紧缩下巴表示驯服。在心理学家看来，那些经常收缩下巴的人大多胆小如鼠，内心不安，处在一种担忧的状态中。一般情况下，他们做事情总是小心谨慎，只注重眼前的利益，缺乏长远目光。这类人不会轻易相信别人，所以经常拒人于千里之外。

　　那么，不同的下巴动作，分别表示什么样的情绪呢？

1. 高扬下巴

　　高扬下巴的人一般都很傲气，有些过于自信，觉得自己永远不会犯错，就算犯了错，也会因为好面子而强词夺理。一般情况下，这类人具有较高的优越感，也有很强的嫉妒心，不愿意承认别人的成功，对别人的成绩通常不屑一顾。另外，高扬下巴的人自尊心都比较强，难以容忍那些不尊重他的人。心理学家经过多年的研究发现，当人们高扬下巴时，往往是在向他人显示自己的无畏、高傲和强势，甚至是傲慢的个性和态度。所以，高扬下巴总能给人一种威严的感觉。

2. 单个手指托下巴

把食指按在脸颊上，用拇指托住下巴，别的手指卷曲着放在下巴和嘴唇之间。一般情况下，摆出这种姿态的人，比较严谨，并且内心持有强烈的批判态度或正打算用截然相反的观点去说服对方。与人交谈时，假如有人做出这种动作，那么你就要注意，对方接下来也许就要反驳你了。在社交场合，他们一般不太喜欢说话，也不怎么喜欢发表自己的观点，因为他们很难找到能够和别人一起交流的话题。因此，这类人会给人一种性格孤僻的感觉，不容易被周围的人理解。不过，心理学家经研究发现，这类人虽然不善于表达自己的观点，但是性格比较随和，很容易接近，只是在社交中不太主动。

3. 单手竖向托下巴

用手掌托住下巴，指头卷曲着放在鼻子上不停地点。说明此人现在非常无聊，或者对你说的话不感兴趣。从表面上看，他似乎是在托着下巴思考什么问题，实际上他只是在自顾自地玩手指。

4. 单手横向托下巴

用手掌托住下巴，再用手指托住脸颊，说明此人正在认真思考。假如你在劝说一个人，对方做出这种动作，则说明他已经开始动摇，做出这种动作，其实是在评估、判断你所说的话。

5. 双手托下巴

像小女孩一样双手托下巴，其实是在寻求自我安慰。经常用双手托下巴，其实是把自己的手想象成可依赖的对象，表明此人有心事且不太在意周围的情况，一心沉浸在自我的思绪里，也可能是觉得对方说的话特别无聊，幻想自己在其他地方获得快乐。

6. 抚摸下巴

其实，抚摸下巴也是托下巴的一种形式，只不过是托的时间比较短暂罢了。假如在抚摸下巴的同时，还伴随着面部抬高、面带笑容，则表明此人正得意扬扬。一般情况下，这类人具有充足的信心，甚至有些自负，对他人的态度也不够真诚。另外，抚摸下巴还是内心不安、孤独的表现。

心理小课堂

FBI认为，许多方法都可以被用来分析并判断一个人的心理变化。其中，从下巴窥探人心，也是一个行之有效的方法。

FBI凭借多年的工作经验总结得出：下巴的动作的确表现得十分细腻，同时也很难被人发现，不过它是一个解析人们心理秘密的好方法。FBI从以下几个方面着手，仔细观察并分析了一个人的下巴：

1. 抬高下巴

FBI认为，抬高下巴的人喜怒哀乐都写在脸上，不懂得遮掩情绪。这种人性格直爽、为人诚恳，对喜欢的人能够坦诚相待，对不喜欢的人也不会强颜欢笑。由于他们爱憎分明，态度过于鲜明，所以给人一种冷漠的感觉，很容易在不知不觉中得罪他人。

2. 收回下巴

FBI认为，收回下巴，并将下巴压得很低的人，一般具有很强的自我意识，难以容忍被人轻视。如果有人轻视他们，他们很容易勃然大怒，并且会以自己的实际行动来对抗轻视他们的人。他们不屑于理会那些和他们耍心眼的人，经常会采取置之不理的态度，但是这并不能说明他们愚蠢。由于性格直爽，以算计别人为耻，所以他们表现得光明磊落。

3. 下巴和头部保持一致

下巴和头部保持一致的人性格比较温和，对任何人都很温顺，就算是遇到那些令他们反感的人，他们也只是态度冷淡，而不是针锋相对。这样的人比较理智，也比较稳重，不会放任自己被情绪牵着走，为人处事都讲究一定的原则。

4. 下巴随目光而转移

与人沟通时，下巴随目光而转移的人，往往比较沉稳、踏实，他们明理重义、爱憎分明，原则性非常强。他们有很强的自制力，不放任自己，也不轻易对人发脾气，更不会因为一点小事而与人计较，就算被人占了便宜也不会太在意。

微笑不够自然可能是假笑

微笑带有非常强的感染力，但是也带有很大的欺骗性。仔细观察对方的微笑是否自然，就能判断对方是否真诚，从而不至于被对方虚假的微笑迷惑。

俗话说"拳头不打笑脸人"，这就是生活和工作中"笑面虎"比比皆是的原因。笑容原本是一种非常美好的表情，可是很多人把它当作一种掩盖自己的不安情绪、获取更多利益的工具。

在微笑的感染下，人们往往会放松戒备，从而让那些爱撒谎的人钻了空子。假如没有防范意识，缺乏一定的辨别能力，与这些人交往时就会吃大亏。因此，我们一定要学会辨别哪些是自然的微笑，哪些是不自然的微笑，以做好防范工作，避免自己上当。

其实早在19世纪，法国的一位科学家就研究过人类的笑容的产生机制。他通过科学的实验发现，人的笑容由两套肌肉组织控制。第一套肌肉组织是颧骨处的肌肉，可以使人的嘴巴微咧，双唇后扯，牙齿露出，面颊提升，把笑容扯到眼角位置。颧骨处的肌肉可以人为控制，就算没有值得开心的事情发生，也可以调动这部分肌肉，从而制造出假笑的效果。第二套肌肉组织是位于眼部的眼轮匝肌，它收缩眼部周围的肌肉就可以使眼睛变小，使眼角出现褶皱。这部分肌肉组织的运动是下意识的，只有在真的感到开心时才会运动，不受我们的意识控制，所以这种笑容一定是真诚的笑容。通俗地说，真诚的笑容是美好心情的自然流露，不以人的意志为转移，不受大脑控制。

当一个人发自内心地感到快乐的时候，这个信号就会传送到大脑调控情感的区域，产生一种愉悦的情感。正是这种情感使人的嘴部肌肉收缩，双唇微咧，面颊提升，同时眼部也会因为肌肉的收缩而产生细纹，眉毛微微下沉，此时，出现真心的、诚恳的笑容。所以，判断是真笑还是假笑，要看眼睛的眯合动作。真诚的笑容刚开始就伴随着眼睛的眯合动作，兴奋的情绪刚产生，就会触发眼轮匝肌的强烈收缩动作，在它的作用下，最明显的变化就是眼睑的凸出与变短，脸部肌肉整体向上提升，上下眼睑相互挤压。

假如只是嘴角动了一下，嘴巴闭得紧紧的，只有嘴的四周出现细纹，眼轮匝肌并没有收缩，笑容很不自然，则可以判定为假笑，也就是所谓的"皮笑肉不笑"。假笑时面颊的肌肉松弛，眼睛不会眯起。撒谎高手往往会把颧骨部位的肌肉层层皱起来，以此来弥补这些缺憾，这个动作会影响眼轮匝肌和面颊，还能使眼睛眯起，从而使笑容看起来更加自然、可信度更高。一个人言不由衷时，往往会露出这种不自然的笑容，比如，当一个溜须拍马的人恭维领导说："您真有远见，这种超前意识可不是一般人能够具备的。"说完这话后，由于说的是假话，所以他会露出很不自然的笑容，用这种笑容来掩饰自己的不自在。

另外，假笑时，面孔两边的表情往往会有些不对称。习惯用左手的人，假笑时右嘴角挑得更高；习惯用右手的人，假笑时左嘴角挑得更高。但是真实的笑容则不然，它两边的嘴角都会最大限度地挑起，而且绝对不会出现不对称的现象。

心理小课堂

英国伦敦大学的研究人员为了研究真假笑容的区别，特意招募了很多志愿者，让他们判断真实的笑容和虚假的笑容，结果发现，志愿者们能够非常准确地辨别两种性质完全不同的笑容。

研究人员表示，真笑和假笑分别激活了大脑中的两个不同区域，假笑能让大脑内侧前额叶皮质更为活跃，而真笑只激活了颞叶中的听觉区域。也就是说，只需要观察笑容持续的时间长短，就能识别出真假笑容。那么，真假笑容持续的时间有什么不同呢?

　　真实的笑容仅仅能维持2～4秒，而虚假的笑容则不同，它能维持的时间特别长，就像酒足饭饱之后久久不肯离去的客人一样令人别扭。这是因为虚假的笑容是刻意伪装的，发出者不知道应该何时收起笑容，所以无意间延长了笑容持续的时间，因此露出破绽。并且，假笑在很短的时间内就可以被"堆"出来，而真实的笑容却没有那么简单，它需要更长的时间才能出现。

心理测试　测测你的情绪控制能力

情绪控制能力，就是对自己情绪的掌控能力。从日常各种行为中，可以看出一个人情绪控制能力的强弱。

（测试内容）

请认真回答以下问题，测一测你的情绪控制能力的强弱。

1. 你正在路上驾车行驶，突然下起了瓢泼大雨，你会怎样？

　　A. 大怒，抱怨突然下雨

　　B. 没什么特殊的感觉

　　C. 开心，觉得忽然下雨心情反而更好

2. 烈日当空，你骑自行车时不小心与别人碰撞，你会怎样？

　　A. 大怒，骂别人一顿

　　B. 不理会，继续走

　　C. 下车向别人道歉

3. 你的朋友或家人大声骂你，你会怎样？

　　A. 愤怒，与他对骂

　　B. 不理会，走开

　　C. 心平气和地向对方解释

4. 在你很烦、很不开心的时候，你会怎样?

　　A. 大怒，并发泄出来

　　B. 外出散散心

　　C. 和朋友或家人聊天，讲出自己的烦恼

5. 你不小心弄丢了一件自己很喜欢的衣服，你会怎样?

　　A. 烦恼，并发泄出来

　　B. 恼闷，不开心

　　C. 吸取这次的教训，以后小心一些

6. 当你生病躺在床上休养，而看见别人在外面玩得非常开心时，你会怎样?

　　A. 烦躁，心里一直在埋怨自己的病

　　B. 恼闷，不开心

　　C. 安心养病

7. 在你很开心的时候，你会怎样?

　　A. 很得意

　　B. 当没有这回事

　　C. 与你的朋友或家人分享

8. 当你想找一份工作却一直没有找到时，你会怎样?

　　A. 烦恼、躁乱，很心急

　　B. 冷静下来，继续找工作

　　C. 自我反省，提高自己的能力，继续找工作

9. 你的朋友做了一件事，令你很不满意，你会怎样?

　　A. 心里很不开心，骂他一顿

　　B. 不理会，当事情没有发生

　　C. 坦然指正，并保持心平气和

10. 你做了一件事，令你的朋友很不开心，你会怎样?

　　A. 与他反目

　　B. 不理会，当事情没有发生

　　C. 道歉，尽量使对方开心

（计分方法）

以上各题，选A得1分，选B得2分，选C得3分。请统计各题得分并计算出总分。

（结果分析）

如果总分在1~10分，说明你的情绪控制能力较弱，心情往往很容易受到外物的影响，情绪波动较大，也很难经受得住生活的考验，需要学习如何控制自己的情绪。

如果总分在11~20分，说明你的情绪控制能力一般，面对一般的生活考验不成问题，但面对突发性的事情或要求心理承受能力较强的事情，则难以有效、正确地控制，还需要积极锻炼以更好地控制自己的情绪。

如果总分在21~30分，说明你的情绪控制能力很强，经得起生活的考验。

第三章
不会撒谎的肢体动作

    语言可以人为操控，肢体动作却很难作假，它充分反映了一个人内心的真实想法。所以，假如我们能了解肢体动作所代表的含义，就能读懂别人的微情绪。掌握通过肢体动作了解别人真实想法的技巧，将有助于我们消除人际关系中的各种烦恼。

不同手势传达不同情绪

在社会交往中，许多人都有几个特有的标志性的手势。通过这些手势，我们可以对一个人的心理状态和情绪变化有一定程度的了解。

早在语言没有出现时，人类就已经学会了如何用不同的手势来表达不同的意思。语言出现以后，人们在交际中依然会频繁地使用手势来传情达意，因为许多人发现，仅仅依靠嘴巴来进行交流往往会力不从心。因此，在社会交往中，手势已经成为人们沟通时不可或缺的一部分。同时，这些手势不仅具有表面的含义，还隐含了许多其他的意思。

在交谈时，人们总是习惯把双手放到身前，一边说话，一边打着各种手势，使手势成为补充性"语言"，而不是只靠嘴巴说。可以这么说，人们在交流时总是会下意识地运用手势去交流思想、表达情绪、传递感情。

人们的各种情绪可以通过不同的手势体现出来。那么，不同的手势分别体现了什么样的情绪呢？

1. 手心朝上

在交谈中，手心朝上是一种积极的信号，暗示着一种开放的交流态度，意思是自己足够坦诚，没有任何隐瞒，也没有丝毫恶意。这种手势反映了讲话人希望交流、渴望被对方接纳的心理。

2. 手心朝下

在交谈中，手心朝下是一种命令式的信号，代表地位、权威、命令。比如，一对情侣牵手时，若男士的手心向下，女士的手心向上，这就说明了男士的强势。这种手势反映了讲话人希望压低对方，抬高自我。另外，拒绝他人时，手心往往也会朝下。

3. 手心相对

如果对方手心相对，指尖接触，摆出一个尖塔形的手势，往往代表着一种自信的态度。一般情况下，这种常见的手势分为两种：一种是放下的尖塔，使用该手势的人通常是在聆听他人的观点；另外一种是举起的尖塔，人们通常在发表自己的观点或说话时使用。

4. 伸出食指和中指

手心向外时，这个手势表示的是"胜利"；手心向内时，这个手势就成了一种侮辱性的表达。

5. 十指交叉

许多人都喜欢做十指交叉的手势，这与人的心理有非常大的关系。如果一个人十指交叉，则表明他很自信。使用这种手势的人往往面带微笑，神情坦然，说话很坦率。假如他十指交叉着放在大腿上，拇指指尖相对，意思是不知怎么办，已经陷入进退两难的境地。假如他十指交叉，眼睛一直盯着你，则表明他对你有所不满，一直在忍耐你。

6. 紧握手指

紧握手指，也就是我们所说的握拳。在搏斗中，拳头是力量的体现，既可以用于进攻，又可以用于防守。假如在生活中运用这种手势，则是在向他人展示"我充满了力量""你最好不要惹我"。可以说，这是一种挑衅和示威的动作。

7. 双手相握

双手握在一起，表达的是一种无助感。即使做出这种动作的人面带微笑，也无法掩饰其内心的失落和挫败感。一般情况下，当一个人觉得自己的话缺乏说服力，或是觉得自己在交谈中一直处于被动地位时，往往会做出双手相握的动作。双手相握有三种姿势：把双手举到脸部，然后紧紧相握；手肘支撑在膝盖上或桌子上，然后双手相握；保持站立状态，双手在小腹前相握。并且，双手位置的高低还反映了他挫败感的强弱程度。如果他把两只手抬得高高的，双手位于身体的中间部位，说明他的心理已经很消极，排斥继续交流下去。如果他把两只手放在身体下部，心理上的失落感就没有那么严重了，与其交流也就变得相对容易了。

心理小课堂

一家网站公布，通过观察美国总统候选人使用的是左手手势还是右手手势，可以看出他的心情。

研究显示：右撇子的总统候选人表达积极的想法时，多数情况下会使用右手做出各种手势；而表达消极的想法时，多数情况下会使用左手做出各种手势。比如约翰·克里和乔治·布什。

不过，这并不是定则，也有例外情况出现。比如巴拉克·奥巴马和约翰·麦凯恩，他们两位都是左撇子的总统候选人，所以表现与右撇子的刚好相反。表达积极的想法时，他们多数情况下会使用左手做出各种手势；而表达消极的想法时，他们多数情况下会使用右手做出各种手势。

这项研究总结了多位美国总统候选人的选举辩论录像，荷兰普朗克心理语言研究中心的首席研究员丹尼尔·卡萨桑托表示："在现实世界中，许多数据资料都证实了这个结论，即当人们联想到美好的事情时，总是调动经常用到的一侧身体。所以，只需要观察手势，就可以洞察一个人的情绪状态。"

从抓挠耳朵看不同情绪

抓挠耳朵是一种很常见的动作，从抓挠耳朵能看出不同的情绪。当一个人在你面前抓挠耳朵时，他的耳朵其实在"说话"。

我们经常看到这样的场景：父母教训孩子时，孩子用两只手堵着自己的耳朵，意思是不想听父母的训话。如果成年人不想听别人说话，会怎么做呢？成年人不会用手堵住耳朵，而会抓挠耳朵。并且，抓挠的部位不同，代表的含义也各不相同。那么，抓挠耳朵不同的部位，分别代表了什么含义呢？接下来就让我们一起来了解一下吧！

1. 用指尖掏耳朵

假如你正热情满怀地说一件事，对方对你的话却漫不经心，把指尖伸进耳道里掏耳朵，那么他表达的情绪和心理状态则是不屑一顾，所以很多人都特别反感对方做出这个动作。如果你看到对方正在用指尖掏耳朵，可以非常礼貌地提醒对方他："不知您是否有不同的意见？可以说来听听吗？"给对方一个发言的机会，才能让交流继续下去，否则对方一直带着抵触情绪，心思不在你的话题上，你们之间的交流就是无效的。

2. 摩擦耳郭背后

假如你正在尝试说服一名顾客，说得口干舌燥，却发现顾客下意识地用手摩擦了一下耳郭背后，然后把头转向一侧，冷淡地说："我再考虑一下。"这就说明对方对你的观点持相反的态度，正在计划着阐述自己的观点。此时，假如你继续使用同样的说辞劝对方购买你的产品，那么最后很可能以失败告终。因为他摩擦耳郭背后，意思是阻止这些话完全进入自己的耳中。

3. 把整个耳郭折向前盖住耳洞

假如你和他人交谈时，看到对方把整个耳郭折向前方盖住耳洞，那么你就要立即停止当前的谈话，因为对方的这一动作其实是在暗示你："我听烦了，不想听你继续说下去。"用耳郭盖住耳洞，直接阻止了不愿意听的话进入耳朵里，表达了不耐烦的情绪。比如，在电影中，我们常常看见这样的情景：女主人公去相亲，但是相亲对象并不是她喜欢的类型，而且是个说起话来没完没了的男人，于是女主人公往往一面看着对方假装微笑着，一面把整个耳郭折向前盖住耳洞。这样就能让她只看到对方的嘴在不停地动，却听不到任何声音。当然，这里面加入了一些艺术成分，把人的主观感觉也具体地表现出来，很形象地传达了人的内心感受。如果有人把整个耳郭折向前盖住耳洞，不要忘记，要尽快转移话题或干脆停止交谈，否则只会给人留下啰唆的印象，让对方更讨厌你。

4. 不停地抓挠耳垂、耳背

如果一个人不停地抓挠耳垂、耳背，就说明他很焦虑。当你看到有人抓耳背时，那么基本可以断定他遇到了什么难题。比如，你看到同事一直在抓挠耳背，可以走到他跟前主动询问是否需要帮助，因为他抓挠耳背可能是因为在工作上遇到了麻烦，你主动伸出援手会给他留下一个很好的印象。

心理小课堂

　　如果一个人抓挠耳朵，说明他正处在焦虑的状态中。

　　在上幼儿园时，老师就教我们发言要养成举手的好习惯。成年后，虽然我们明明知道举手是有话要说的信号，却不愿继续使用它，总觉得它有些太一本正经了。所以我们经常把手举到一半就缩了回来，取而代之的是一种抓挠耳朵的微妙动作。抓挠耳朵，既表示要打断对方的谈话，又是一种借自我触摸来消除内心焦躁不安的情绪的动作。

　　当然，并不是每一个抓挠耳朵的动作都带有某些情绪，有时候抓挠耳朵并没有什么特定的含义，只是因为耳朵发痒才下意识地抓挠一下而已，没有拒绝倾听的意思，也没有不耐烦的意思。

摸鼻子可能是在撒谎

当一个人撒谎时，就算他竭尽全力隐瞒，也总会露出一些破绽。比如，当一个人频繁摸鼻子时，他很可能在撒谎。

"我亲爱的孩子，谎话一眼就能看出来，因为它们只有两种：一种是短腿的，一种是长鼻子的。你说的谎就是长鼻子的。"这是著名童话《木偶奇遇记》里的话。在这个童话的世界里，主人公匹诺曹一旦撒谎，他的鼻子就会变长。

美国芝加哥的嗅觉与味觉治疗与研究基金会的科学家们发现，人们撒谎时，会释放出一种名为儿茶酚胺的化学物质，从而引起鼻腔内部的细胞肿胀。科学家还通过可以显示身体内部血液流量的特殊成像仪器，揭示出在撒谎的过程中，人们的鼻子会因为血液流量上升而增大，从而引起鼻腔内部温度升高，导致鼻子膨胀而产生刺痒的感觉，于是人们只能频繁地用手摩擦鼻子以舒缓发痒的症状。因此，人在撒谎时触摸鼻子是一种比较常见的肢体动作。

人在说谎时，负责调节体温的大脑岛叶皮质被激活，这是导致鼻尖温度上升的主要机制。大脑半球分为额叶、顶叶、枕叶、颞叶和岛叶五个叶，其中岛叶呈三角形岛状，位于外侧沟深面，被额叶、顶叶、枕叶、颞叶覆盖，与大脑奖励机制息息相关，帮助将人对其他事物的渴望转变为"取得满足的行动"。人经历真实的感受时，岛叶将变得活跃。当竭尽全力对自己进行心理暗示，告诉自己并没有说谎时，他们的鼻尖温度就会渐渐回落到正常水平。

美国的精神病学者查尔斯·沃尔夫和神经学者阿兰·赫希深入研究了比尔·克林顿就莫妮卡·莱温斯基丑闻事件向陪审团陈述的证词，惊奇地发现，克林顿说真话时一般不去触摸自己的鼻子。可是，每当他撒谎时，谎言还没说出口，他的眉头就会在不经意间微微一皱，而且每4分钟就触摸一次鼻子，陈述证词期间触摸鼻子的总数高达26次。最后，科学家得出结论，包括摸鼻子在内的一些迹象表明，克林顿所说的许多话都是谎话。

摸鼻子是一个很常见的小动作，不仅撒谎可以促使人触摸鼻子，其他原因也可能促使人摸鼻子。比如，有的人摸鼻子可能只是因为花粉过敏、感冒，或者是被眼镜压迫而感到不舒服。又比如，当一个人处在不安、焦虑或者愤怒的情绪之中时，他的鼻腔血管也会膨胀，也会出现触摸鼻子的情况。因此，这是一个鉴定对方是否在说谎的辅助手段，而不是一个完全判定的手段。

鉴定他人是否在说谎时，还要结合其他说谎迹象来进行解读。因为摸鼻子的目的是自我安慰以缓解焦虑，而焦虑的根源未必来自说谎。举个简单的例子，在嘈杂的环境中，有些人本身就容易焦虑，会下意识地用手托腮，其目的和说话摸鼻子具有相似之处。所以，务必记住这样一个规则：单纯的鼻子发痒通常只会引发人们做出反复摩擦鼻子这个单一的手势，和对话的内容、频率和节奏没有任何关联；如果这之间存在某种联系，你就要对他的谈话内容提高警惕了。

心理小课堂

美国马萨诸塞州大学的心理学家罗伯特·费尔德曼为了验证摸鼻子与说谎之间的关系，做过一个实验。他带上隐蔽的摄像机，把现场情景录制下来，然后边观看录像带，边计算人们在交谈中说谎的次数。统计结果发现，在短短的十分钟内，对方竟然说了三个谎言，而说谎的最明显的动作就是摸鼻子。

有一种说法认为，当人的大脑产生一种比较坏的想法后，人就会不由自主地用手去遮嘴，但又因为担心表现得太明显，所以就会触摸一下鼻子。通常情况下，摸鼻子就是一种说谎的表现。

不过，摸鼻子也不全是说谎的表现。当气氛、情绪太过紧张，鼻子干燥时，人们也会情不自禁地用手来触摸鼻子。通常，人们在遭遇令人担心或者不安的事情时，心里会感到恐惧害怕，心跳加快，此时体内会产生大量的儿茶酚胺和荷尔蒙，鼻子就会变得痒痒的，所以人们会出现频繁摸鼻子的举动。

当然，有些人说谎时不一定会做出摸鼻子或者捏鼻子的动作，而只是在鼻子上轻轻地蹭几下。因为这种动作幅度比较小，很难被人察觉到。

双臂交叉暗示排斥

一个人双臂交叉，往往代表着防御或排斥。不过，双臂交叉的形式多种多样，每一种形式代表什么含义，要具体情况具体分析。

当我们还是一个孩子的时候，每当感觉有危险来临或有危险人物靠近时，总会下意识地躲到父母身后，或者躲到桌子底下、柜子后面，以此表示排斥。长大后，再遇到危险来临或有危险人物靠近时，我们会下意识地将双臂交叉抱在胸前，通过这种方式为自己建起一道身体防线，阻止别人越过这道防线。

许多人对双臂交叉这个动作所代表的含义都有共识，就是防御或排斥。我们经常能看到彼此陌生的人在感到不确定或不安全时会摆出这样的姿势。两个站立的人交谈时出现这个动作，一般是在暗示排斥，尤其是两个第一次见面的人做出这个动作，暗示排斥的可能性更大。

有一名记者，参加了一个中小企业节能减排论坛，论坛讨论的主题是"中小企业如何在发展过程中加大节能减排力度"。

主办方的主讲人演讲时热情洋溢，可是这名记者发现，台下坐着的几排观众都做出了双臂交叉的姿势。原来，对于这些中小企业来说，企业的生存和发展问题已经使他们心力交瘁，节能减排无疑只会增加他们的压力，让他们的生存更加艰难。所以，他们对主讲人的演讲内容持否定和怀疑态度。

　　主办方宣扬节能减排本没有错，可是他们没有站在中小企业的立场上考虑问题，所以没有把自己要表达的意思顺利地传达给听众。他们没有及时关注听众交叉双臂的姿势，也就体会不了听众的拒绝之意，自然无法通过演讲来破除和听众之间的对立。

　　在公众场合中，许多陌生人通常都喜欢双臂交叉，似乎这样做就可以在自己与外界之间筑起一道屏障，把不喜欢的人和物都隔开。

　　双臂交叉有以下三种表现形式：

1. 部分交叉双臂

　　由于双臂交叉这种姿势太明显，所以，有的人会有意识地使用一种不太明显的方式，也就是部分交叉双臂。比较常见的部分交叉双臂的姿势是，一只手臂从身体前面横过去，摸着或抓住另一只手臂。这样双臂就形成了一道比较隐蔽的屏障，给自己一种安全感。

2. 伪装型双臂交叉

　　还有一种比部分双臂交叉更高明、更隐蔽的双臂交叉姿势——伪装型双臂交叉。也就是把一只手臂从身体前面横过去，触摸手表、手链、袖口、上衣口袋等。这样双臂也能形成一道屏障。如果对方使用这种双臂交叉方式，你就要提高警惕了，因为这种双臂交叉方式伪装的效果很好，具有一定的迷惑性，一般人很难看出其中的端倪。

3. 强化型双臂交叉

　　还有一种更为明显的双臂交叉姿势——强化型双臂交叉。当对方明显感到某种危险即将来临时，他就会在双臂交叉的同时紧握拳头，偶尔还会咬牙切齿，以此宣告自己的防卫态度。这种情绪一旦失控，对方就会向你发起攻击。此时，你可以面带微笑看着对方，同时把双手摊开，以这种友好的方式来缓解对方的情绪。

总之，与人交谈时，如果看到对方做出双臂交叉的姿势，你就应该明白对方的消极态度，意识到自己也许说了对方并不认同的观点。这个时候，即使对方口头上表示赞同你的观点，你也要明白，他是不会轻易接受你的观点的。

心理小课堂

美国研究者研究了双臂交叉这一动作，从中发现一些令人担忧的秘密。研究表明，双臂交叉严重影响倾听的效果。

研究者把参与研究的志愿者分成两组，让他们去听一个讲座，然后让这两组志愿者分别做出不同的姿势：第一组志愿者被要求双臂保持自然状态，不交叉双臂，以最轻松、自然的状态听讲座，而第二组志愿者虽然和第一组志愿者听讲座的地点、时间相同，但是听讲座时要把双臂交叉抱在胸前。

研究者发现，第一组志愿者的反对意见比较少，但是第二组志愿者对讲座的内容十分挑剔，经常会反驳演讲人的观点。研究者在演讲结束后就收听效果考察了两组志愿者，结果发现，第一组志愿者比第二组志愿者掌握的讲座内容多38%，由此可见双臂交叉严重影响倾听效果。

因此，与他人交流时，如果对方双臂交叉，就意味着这样会降低他的倾听效果。所以，你应该想办法让他放下双臂。那么，具体该怎么做呢？

当对方摆出双臂交叉的姿势时，你首先要找出原因，然后才能对症下药，使对方转变态度。另外，与其在对方做出这个姿势后再考虑应对措施，不如让他一开始就没有条件摆出这个动作。比如，可以找一件物品让对方握着，这样对方就不得不松开他交叉的双臂。或者在交谈的过程中，你可以随时让对方看一些必须变换坐姿才能看到的资料，比如，在桌子上放置一些图书、图片等资料，从而引导他变换坐姿。

双手叉腰的含义

看到一个人双手叉腰时，不要以偏概全，而要具体情况具体分析，这样才能看出双手叉腰背后的每一种情绪，从而做出准确的判断。

叉腰是指大拇指和其余四指分开紧按在腰旁的动作。在生活或工作中，许多人都喜欢双手叉腰，可能是在久坐后站起来活动时，可能是在跟熟人说话时，也可能是在走路时。其实男人叉腰和女人叉腰具有不同的含义。那么，男人叉腰和女人叉腰分别在"说"些什么呢？

1. 男人叉腰

许多动物都会用一些方法让自己看起来更强壮。比如，在搏斗的时候，小鸟往往会抖动自己的羽毛以使自己看起来更加强壮，猫或狗往往会努力让身上的毛都竖起来。由于人没有丰富的体毛，所以无法像动物那样通过竖起毛发的方式使自己看起来更强壮，不过，却可以通过双手叉腰、占据更多空间的方式使自己看起来更挺拔。当男人感觉自己的利益被侵犯或权威遭到挑战时，就会用双手叉腰的姿势发起无声的挑战。也就是说，男人双手叉腰很可能是一种警告，用以震慑对方。

当一个男人在女人面前双手叉腰时，可能是为了表现自己的男子汉气概，以此表明自己是一个有上进心的男性。不过，看到一个男人做出双手叉腰的动作时，还必须结合其他肢体语言具体情况具体分析。假如他在衣服扣着的状态下双手叉腰，说明他非常沮丧，而非自信；假如他将衣服敞开，故意露出结实的胸膛，则是明显的挑衅；假如他两脚分开，紧握拳头，双手叉腰，则代表着更加强烈的攻击。

如果一个男人在走路时双手叉腰，则说明他是一个果敢、自信的人，只要下定了决心去做某事，就有信心把它做好，而且会立即采取行动。一般情况下，他们受不了慢腾腾地工作，遇到事情总是喜欢一鼓作气。

2. 女人叉腰

只要稍加留心，就会发现女人在很多场合也都喜欢做出双手叉腰的姿势。可能是刻意为之，也可能是无心的动作。那么，女人双手叉腰在"说"些什么呢？

一般来说，女人的内心是比较脆弱的。所以，她们想要压住平级或下级时，往往会在无意间依靠双手叉腰的姿势来使她们看上去很强大。

母鸡遇到强劲的敌人时，往往会立即抻长脖子，把羽毛打开，摆出一副强大、凶狠的样子，以达到吓退强敌的目的。其实，女人遇到强敌时，也会这样虚张声势，摆出双手叉腰的架势，恶狠狠地盯着强敌，宣示自己压倒一切的力量。

还有一种情况，女人双手叉腰是自信、自豪的表现，不是为了宣示自己的力量，而是为了展现自己的魅力。比如，在T台上时，身材高挑、美丽大方的模特经常叉着腰走来走去，似乎在说："看我的衣服多漂亮！"

女人双手叉腰，也可能是愤怒到了极点，马上就要发飙了。在许多影视剧中，双手叉腰都是"悍妇"的典型形象。比如，在《功夫》这部电影中，包租婆双手叉腰，暗藏狮吼功绝技，经常把租户们吓得话都不敢多说。

心理小课堂

　　叉腰的姿势有时还被解读为"成功者的姿势"。那些有雄心壮志，不达目标誓不罢休的人经常喜欢摆出这种姿势。因此，许多男人都喜欢用这个姿势来表示自己的雄心壮志。

　　双手叉腰的姿势能让一个人的身躯显得更加伟岸。摆出这种姿势的人似乎在说："我是一个志向远大的人，有能力掌控自己的命运。"在美国西部牛仔电影中，总能看到这样一幕：代表正义的牛仔抬头挺胸，一脸英气地面对敌人，双手叉腰，一副无所畏惧的样子，显得特别魁梧。

　　不过，双手叉腰的人并不一定就是成功者，有些人虽然双手叉腰，但是并没有成功者的气势，只落了个冒犯别人的下场。所以，不能把每一个双手叉腰的人都当作成功者的代表，而要具体情况具体分析。

腿上动作展现情绪变化

了解腿部动作，是破译内心秘密的一种强有力的武器，因为腿能透露一个人的意图。可以说，要想解读人的情绪变化，腿部动作是不可忽视的线索。

不知你是否发现，当人们不愿意把内心的焦躁不安明显地表露在脸上时，常常会用离大脑最远的部位来表达。正是因为这一点，位于身体最下端的腿部，往往最先表露出一个人的潜意识和情绪。那么，不同的腿上动作分别表现了什么样的情绪呢？从以下腿上动作可见一斑。

1. 双腿并拢

双腿并拢的姿势比较严肃、正经、拘谨，虽然看上去很慎重，但是会给人一种压抑和紧张的感觉。比如立正和正襟危坐，都属于双腿并拢的姿势。

双腿并拢通常是一种顺从的姿势。比如部队训练时，每一个军人都被要求双腿并拢。因此，当有人做出这个姿势的时候，往往代表着顺从。

2. 双腿打开

叉开的双腿展现出一种开放的姿态，是一种占据主导的暗示，是绝对权力的表现，总会让人感到强势和权威。实际上，叉开的双腿是一种捍卫领地式的行为。比如，猩猩们通常会把双腿大大地分开，谁占据的面积最大，谁就能成为最有支配权的首领。在这一方面，人类和动物极为相似，叉开双腿都表示防御或抵抗的意思。

假如两个男人见面时，一方觉得另一方不如自己有实力，往往会双腿打开，做出挑衅的姿态，以这种方式宣示自己的主导权。另外，双腿打开有时也是一种准备发动攻击的姿态。

3. 双腿交叉

双腿交叉是一种防御性姿势，一般是害羞、胆怯、散漫和不热情的意思。比如站立时的别腿姿势，或者坐着时跷着二郎腿的姿势。说话时，如果身体挺直，双腿交叉并跷起，则说明带有怀疑情绪。另外，当心中不安或想拒绝一个人时，人们往往也会做出这种拒绝的动作。

4. 搭腿

支配欲和占有欲很强的人，一般会把脚搁在桌子或拉开的桌子抽屉上。可以把这一行为看作用自己的腿连接桌子，以扩大自己的势力范围，表现自我。但是，假如他的下属在他面前摆出这种姿态，他肯定会觉得自己的势力范围被侵犯了，从而产生不愉快的感觉。假如他在第一次见面或不熟悉的人面前把腿搭在桌子或抽屉上，则证明他是一个十分傲慢的人。

5. 架腿

假如你向上级提出一个建议，他只听了一会儿，就把腿架了起来，此时你就要提高警惕了，因为这说明他对你的建议毫无兴趣。此时，你应该结束交谈，尽快离开。假如你不知趣，依然唠唠叨叨，上级一定会频繁地变换架腿的动作，最后对你越来越不耐烦，甚至打断你的话，令你陷入尴尬之中。

下棋如此，谈判也是如此。当激烈的争论发生时，谈判者把腿架起来，其实是一种挑战信号，此时，你一定要提高警惕，集中注意力，以免大意失荆州。假如双方都放下架起的腿，身子往前倾移，往往意味着谈判比较顺利。

6. 把腿横跨在椅子扶手上

如果有人坐在椅子上，把一条腿抬起来并横跨到椅子扶手上，表现得十分轻松，你千万不要觉得他很开放，也不要觉得这是他乐于与人合作的意思。实际上，摆出这种姿势的人大多对人漠不关心，甚至还有点敌意。有些上级在下级面前摆出这种姿势，目的是在下级面前展现自己的权威。另外，在谈判场合，有些谈判代表也会摆出这种姿势，以此表明其优越感很强，在谈判中占据主导地位。

心理小课堂

在审讯中，警察往往会根据犯罪嫌疑人的腿部动作来看破其心理。比如，当犯罪嫌疑人频繁抖动双腿时，往往说明其内心焦虑、惶恐不安。

在一桩重大的刑事案件中，警方一直找不到突破口，只在现场发现一名目击者。可是，在审讯的过程中，警方并没有发现什么有价值的信息，只是发现目击者的腿在频繁地抖动。根据这一动作，警方断定：目击者一定在说谎。在进一步的审讯后，目击者只得实话实说，将案犯交代出来，帮助警方顺利破案。

原来，目击者频繁抖动双腿，是因为其内心惶恐不安，希望尽快结束审讯。当一个人故作镇定时，从面部表情很难看出变化，从腿部动作却能很容易看出来。尽管对方极力掩饰自己的情绪，但是很有可能在不经意间通过腿部动作泄漏出来。

不同走姿体现不同心情

走路这种动作看似平常，没有半点的特别，却最能反映出一个人的情绪变化。所以，我们要学会通过观察他人的走路姿态，看破他的情绪变化。

心理学家研究发现：人体中越是远离大脑的部位，其可信度越高。也就是说，越靠近大脑中枢的地方，其伪装性就越强，表现出的信息就越不可靠。在人际交往的过程中，我们早已习惯去注意对方的脸，却不知这是假信息最多的部位，最具有欺骗性，而人的下半身才是真实信息最集中的地方。一个人走路的姿势是很难伪装和改变的，所以通过走路的姿势我们能迅速了解一个人的性格和他的情绪状态。

走路的快慢、迈出步子的大小都与情绪密切相关，那么，不同的走路姿势分别体现出什么样的心情呢？以下我们做出了详细的说明。

1. 走路时风风火火

走路时风风火火，双臂在不知不觉中前后摆动，一般是内心情绪亢奋的表现。通常情况下，这样走路的人是因为遇到了开心的或者值得期待的事情。这样走路的人性格外向，活泼开朗，喜欢与人交流，做事情时比较豪放洒脱，富有冒险精神。不过，由于他们性格急躁，所以很容易冲动，有时甚至会出现过激行为。他们总是急匆匆的，哪怕没有什么大事，办事的地点不远，时间也很充足，他们依然走得很快，甚至会一路小跑。这种走姿是心急的表现，拥有这种走姿的人往往精力充沛，但是同时也显得缺乏耐心。

2. 走路时身体前倾

走路时身体前倾，甚至看上去像猫着腰走路的人，一般为人谦虚，具有良好的修养，非常重感情。他们走路时低头弓背，努力让自己看上去不显眼，似乎是在说："嘘！不要打扰其他人。"他们平常不苟言笑，性格比较内敛，所以一般不会向他人倾诉，很容易一个人生闷气，在感情上也很容易受伤。

3. 走路时慢腾腾的

走路时一副慢腾腾的样子，无论别人怎么说，他都表现得毫不在乎，这往往是举棋不定的心理表现。这样走路的人，做事缺乏冒险精神，喜欢三思而后行，绝不会冲动行事，而是要等到别人做过，看到万无一失后才肯去做，所以常常错失良机。

4. 走路时昂首挺胸

走路昂首挺胸是一种自信的表现，体现了极强的自尊心，甚至有些清高、孤傲。一般情况下，这样走路的人心情应该不错。他们不会轻易相信他人，遇到事情只相信自己，习惯主观臆断，听不进别人的意见，喜欢以自我为中心，在人际交往中经常表现出一副无所谓的模样，因此经常孤军奋战。

5. 走路时步伐稳健

走路时步伐稳健，往往心情也愉悦、舒畅，因为只有在情绪平稳的心理状态下，才会出现步伐稳健的现象。这样的人性格沉稳，做事时习惯追求稳妥，遇到事情不慌乱，习惯先考虑清楚再做。这样的做事方式让他们能够稳扎稳打，在事业和生活方面都可以凭冷静和勇敢制胜。这类人一般言而有信，不会轻易食言，对待他人时一诺千金。

6. 走路时连蹦带跳

走路时连蹦带跳往往是遇到了什么值得高兴的事情，是心情愉快的表现。这类人往往没什么心机，对朋友能够坦诚相待，所以和他们相处会觉得轻松、快乐。这类人比较乐观开朗，情绪往往是积极的。另外，他们往往安分守己，不求享受，虽然有些粗心大意，但是大多数人都能够做到乐善好施。

总之，走路的姿势千差万别，与一个人的情绪、性格联系密切。不过，走路的姿势并不是一成不变的，假如一个人平时走路时慢悠悠的，突然走路变得很着急，也许是因为遇到了令他着急的事情，所以他才焦躁不安。相反，假如平时走路迅速，突然步伐很慢，也许是因某件事而伤心，情绪一时比较消沉。所以，要想通过走姿来了解一个人的情绪和性格，还要结合当时的实际情况。

心理小课堂

从一个人的走路姿势可以识别其情绪、性格和为人。那么，如何通过不同的走姿识人呢？

1. **款款摇曳型**

这样走路的人一般为女性，她们腰肢柔软，摇曳生姿，可是千万不要将这种走姿错误地理解为放浪。因为她们中的许多人都坦诚、热情、心地善良，很容易相处，在社交场合往往是焦点人物，非常受欢迎。

2. **斯文型**

所谓"斯文型"，指的是双足平放，双手自然摆动，而不是扭扭捏捏的，走起来非常斯文。这种人一般胆子很小，为人比较保守，不过遇事冷静沉着，不容易发怒。

3. **八字型**

所谓"八字型"，指的是双脚向内或向外形成八字状，走起路来用力而急躁，但是上半身没有左右摇摆。这种人不善于与人交往，做什么事情都喜欢不动声色。

4. 随便型

所谓"随便型"，指的是步伐随便，没有固定的规律。有时两只手插进裤子口袋里，双肩紧缩；有时两只手伸开，挺起胸膛。这种人一般比较慷慨，讲义气，做事情不拘小节，有创立事业的雄心。不过，有时也会不肯让人。

5. 冲锋型

所谓"冲锋型"，指的是举步急速，从来不往后看，不管是在人群拥挤的地方还是在寂静的地方，都会横冲直撞。这种人一般喜欢交谈，为人坦荡，不会做对不起朋友的事情。不过，他们性格有些急躁。

心理测试　测测你的内心有多脆弱

在生活和工作中，每个人都难免会遇到一些挫折。面对生活和工作中的各种压力，你的内心有多脆弱？下面就来测测吧。

测试内容

如果你走在路上被工地的铁条绊倒，你的第一反应是什么？

A. 找工地主管理论

B. 申请赔偿

C. 自认倒霉

结果分析

选择A：你不堪一击，内心无比脆弱，表面上看工作和生活都还不错，但是在独处时往往会想很多，并且每当有压力时就会想着逃避。

选择B：你外表坚强，好像什么困难都无法影响你的情绪，实际上你内心脆弱，非常容易情绪低落。

选择C：你很坚强，愈挫愈勇，能勇敢地面对困难和挑战，生活和工作中的琐碎小事无法使你情绪低落。

第四章
通过语言揭开情绪的伪装

与人交流离不开语言，而语言是带有情绪的，它表露了说话人的心声。有时候，只需要通过说话人的音调、音量、语速、说话方式就能识别其内心的情绪，识破那些言不由衷的话，从而在与人交往时稳占上风。

透过声音辨别情绪

　　说话人的声音和他的心境、情绪存在着很大的关系，情绪不同，声音也各有特点。所以，只要稍加留意他的声音，就能判断出他的情绪和心境。

　　如果你问一个人："最近还行吧？"得到的回答可能是："挺好的。"你往往不会凭借他的回答来判断他的情绪，而是会凭借他说话时声音的音调和节奏来判断他是不是真的挺好的。比如：如果他声音的音调低、节奏缓慢，则说明他最近并不是很好；相反，如果他声音的音调高、节奏快，则说明他最近真的挺好的。

　　在日常生活中，就算我们不用眼睛看，只需要听一听对方的声音，就能判断出这个人自己认不认识，甚至能猜出他是谁。其实道理很简单，人的声音各具特色，有些人的声音洪亮，有些人的声音沙哑，有些人的声音尖细，有些人的声音粗重，有些人的声音轻薄得像金属撞击声，有些人的声音厚重得像敲鼓声。

　　假如我们从面部表情、肢体动作等方面都无法掌握对方的情绪，一般可以从声音着手，仔细揣摩对方的情绪变化。可以毫不夸张地说，声音是洞察人心、看破人情绪变化的重要线索。

　　《逸周书·视听篇》也有通过声音来判断一个人内心世界的论述：内心诚实的人，较为坦然，说话声音清脆、节奏分明；而内心不诚实的人，由于较为心虚，所以说起话来也会支支吾吾；内心宽宏柔和的人，说话的声音和缓、温柔，似细水长流一般不紧不慢；内心卑鄙乖张的人由于心怀鬼胎，所以说话时声音阴阳怪气，十分刺耳。

当一个人遇到喜悦的事或者情绪激动时，音量会不知不觉地变大。当一个人试图说服他人或在气势上压倒别人时，音量也会不知不觉地变大。因为在他看来，只要说话的声音足够大，就可以给他人一种非常自信的感觉，从而成功说服他人。比如，在职场上，领导给下属分配任务却遭到下属的拒绝时，往往会说："不用再说了，就按照我说的去做！"此时，他说话的音量明显会比平时音量大。

一般来说，一个人内心畅达的时候，声音就会清亮；内心平静的时候，声音就会平和；缺乏自信时，声音就会轻柔；信心十足时，声音就会响亮；心中紧张时，声音就会颤抖。总之，声音的变化所反映的恰好是情绪的变化。

心理小课堂

人的声音带着浓厚的感情色彩，声音的强弱、快慢、高低、清浊，都可以展现出复杂的情感。就像《灵山秘叶》中所说的那几句话："察其声气，而测其度；视其声华，而别其质；听其声势，而观其力；考其声情，而推其征。"这里所说的声气，类似于声学中的音量，通过声气的粗细，就可以看出一个人的气度；这里所说的声势，类似于声学中的音长，声势壮者，力量一定很大。

人的喜怒哀乐，可以通过声音表现出来，就算极力掩饰，也会不受控制地流露出来。所以，通过听一个人的声音，就能探知其内心世界，辨别其情绪变化。

1. 锋锐严厉者

说话锋锐严厉的人，喜欢与人争辩。一旦抓住对方言语上的漏洞，就会毫不留情地予以反击，把对方驳斥得哑口无言。这类人看问题的眼光十分犀利，往往能一针见血。不过，由于他们急于找到并攻击对方的弱点，所以很容易捡了芝麻，丢了西瓜，陷入抬杠的境地。

2. 凝重深沉者

这类人言辞隽永，能深刻、准确地理解人情事理，做事认真且靠谱。他们看不惯那些不和谐的因素，更不屑于与那些玩心眼的人为伍。在复杂的环境中，这种人一般难以得到重用，所以很难施展抱负。

3. 刚毅坚强者

这类人办事坚持原则，是非分明，公正无私，经常因为肯主持公道而赢得别人的尊敬。在评判他人的价值时，这类人往往不因个人恩怨而产生偏见，能做到公正无私、实事求是、光明磊落。不过也因为原则性太强而显得不懂变通，给人一种不近人情的感觉。

语速揭露内心变化

语速可以反映出一个人说话时的情绪，因此，通过听一个人的语速，我们就能判断出他的情绪状态。

人在说话时，既是在进行一种思想交流，又是心理、感情的自然流露。很多人只知道说话的内容能够直接表达说话人的所思所想，却不知道其他因素同样可以反映说话人的心理和情绪。比如，通过说话人语速的快慢，就能直接看出说话人的性格以及心理状态。

1. 语速超快

如果一个人说话时语速超快，像射击的机关枪一样没有停顿，听者稍不留心就会错过其话中的重要信息，这说明说话人性格比较外向，具有很强的自我意识，喜欢在谈话中把主动权掌控在自己手中，支配交谈的过程。说话人语速超快，是因为对谈论的话题非常感兴趣，急于表达自己，担心漏掉刚刚想起的内容。另外，当说话人心中有鬼，想撒谎，或者内心紧张时，说话的速度也会不由自主地加快，希望通过这种方式来掩饰自己内心的真实想法。

2. 语速超慢

如果一个人说话时语速超慢，而且吞吞吐吐的，则说明其性格软弱、内向，比较自卑，不愿意与人交流。语速超慢的人大多性格温和，有时候可能会有一些敏感，很容易产生抑郁情绪。不过，说话慢并不一定是因为软弱、内向、自卑，也有可能是因为其性格沉稳，一边说话一边思考，情绪比较稳定，不容易冲动，遇到什么事情都不慌张。

3. 语速快的人突然变慢

如果一个平时说话很快的人语速突然变慢了，说明他觉得自己要讲的话非常重要，他希望别人能听清楚并且记住这些话。比如，领导开会讲到重点内容时，就会下意识地把语速放慢，目的是让下属们听清楚，避免他们错过重点。不过，语速快的人突然变慢并不一定是为了引起别人的注意，还可能是为了抒发情感，引起听者的共鸣。比如，在演讲时，演讲者突然放慢速度，就是为了表达一定的情感。除此之外，当说话人感到难过或忧伤时，他的心情会变得沉重起来，平时很快的语速也会突然变慢。如果说话人平时伶牙俐齿、口若悬河，却突然反应迟钝、吞吞吐吐，那么无须多想，肯定是有什么事情在瞒着别人，或者做错了什么事情，所以才底气不足，如此心虚、紧张。

4. 语速慢的人突然变快

如果一个平时说话很慢的人语速突然变快了，可能是想掩饰内心的不安情绪。比如，当一个人撒谎被人揭穿时，往往会急于对自己的谎言加以解释，此时说话会语无伦次，并且会用极快的语速来掩饰内心的不安。另外，语速慢的人突然变快也可能是因为情绪激动，比如，当一个人兴奋、愤怒、恐惧、急躁、焦虑、紧张时，他的语速也会突然变快。

心理小课堂

　　安全局心理专家指出，通过一个人说话时的语速与语调，可以洞察其内心世界。这也就是我们在打电话时看不到对方却能知道对方心情是否舒畅的原因。

　　与被调查对象谈话时，安全局探员通常会有两到三个人参加，其中一个人负责和调查对象交谈，另一个负责观察他的形体动作，还有一个专门负责听调查对象的语速和语调。由此可见，语气、语速、语调的变化和内心世界的关系是多么密切。其实，凭借语速破案，已经成为安全局探员加快破案速度的秘诀。

　　安全局相关心理专家经研究发现，语速是研究一个人说话方式的最主要特征。语速快的人大多能言善辩，语速慢的人却比较木讷。不过，在心理学中，应该注意的是，怎样在与平时不同的言谈方式中了解对方的心理。

　　安全局探员凭借语速破案，并非因为他们有神力相助，也并非因为他们有"读心术"，而是因为语速直接反映了一个人的心理状态和情绪波动，通过语速就能看出一个人的所思所想。

　　在生活中，我们也可以通过一个人的语速变化、音调高低，准确把握其丰富的心理变化，甚至根据这些外部特征的变化，准确判断出一个人当时的情绪波动。比如，平日能言善辩的人，突然结结巴巴的，连一句话都说不出来；平日木讷、内向的人，突然口若悬河、高谈阔论，令人目瞪结舌。一旦遇到这种情况，就要提高警惕，以防意外，因为肯定出现了什么问题。

言语过于恭敬者或怀戒心

适度的礼貌是维系良好的人际关系的方法之一。不过，如果过度殷勤，言语过于恭敬，反而是无礼的表现。因为对方对你过分谦恭，往往说明了他对你怀有戒心。

人际交往成功有一个先决条件，那就是彼此间要存在适当的心理距离。语言能够拉近或推远彼此间的心理距离。要想人际交往顺利、圆满，就有必要使用恰当的恭敬的语言。不过，恭敬的语言一定要在适当的时间和恰当的场合中说出来，均衡地加以运用，否则只会适得其反。

适度的礼貌是维系良好的人际关系的方法之一。不过，如果过度殷勤，言语过于恭敬，反而是无礼的表现，很容易令人反感。正如法国作家拉伯雷所说："外表态度上的礼节，只要稍具知识即能充分做到；而若是想表现出内在的道德品行，则必须具备更多的气质。"那么，从言辞到行动总是毕恭毕敬的人，可能正是在气质上有所欠缺。

这些人在与人交往时总是低三下四，自始至终使用恭敬的语言，极力吹捧他人。与这类人刚开始接触时，他们的恭敬态度只会让人觉得不好意思，而不会让人产生厌恶。不过，随着交往的日益深入，这种毕恭毕敬的态度就会让人生气，这类人也会被评价为"口是心非的小人""表面恭敬的伪君子"。

假如对方在人际交往中所用的言辞过于谦恭，就会显得十分造作，给人一种很虚伪的感觉。在日常生活中，我们在与他人刚刚交往的时候，也许会使用一些谦恭的言辞，如"您""请多关照""请""多谢""劳驾""辛苦了"等敬语。如此言辞恭敬，恰恰说明了此时双方不是很了解，所以才显得十分陌生，在言辞上毕恭毕敬、小心翼翼，唯恐得罪了他人。而如果通过进一步的交往，双方已经变得非常熟悉了，说话就不会这么恭敬了，而是直接用日常语言进行有效的交流。因此，通过对话，就能准确把握双方的关系发展到了哪种程度。举例来说，一对男女朋友第一次见面时往往都会使用一些敬语，男性表现得温文尔雅，女性表现得十分矜持。一旦他们相处得时间久了，确定了恋爱关系，就会省掉那些敬语，心里想什么说什么。

心理小课堂

如果对方对你过分谦恭，则往往说明了他对你怀有戒心。那么，是哪些原因造成了这种情况呢？

1. 你们之间产生了新的障碍

日本语意学家桦岛忠夫说："敬语显示出人际关系的亲疏、身份、势力，一旦使用不当或者错误，便扰乱了彼此应有的关系。"所以，如果是与非常熟悉的人交流，我们根本就没有使用敬语的必要。假如朋友突然对你使用敬语，那就要提高警惕了。也许你应该想一下你们之间是否产生了新的障碍，或者你是否在无意之中把他得罪了却不自知，所以对方心里才产生了距离感，通过使用敬语来疏远你。

2. 对你怀有敌意

在交谈时，假如对方经常无意识地使用敬语，则表示双方之间存在很大的心理距离，关系比较疏远。假如对方过分地使用敬语，则表示对你怀有强烈的敌意、妒忌和戒心。比如，如果一个女人对男人说话时使用了很多敬语，并不是代表对他的尊敬，而是代表敌意，实际上她想表达的意思是"我对你毫无感觉"或是"与你这样的男人交谈，我毫无兴趣"等。

假如你与某个人已经交往了很长时间，彼此已经深入了解，可是他依然对你客客气气的，说话时非常谨慎，甚至会过多地使用敬语，一般是因为他对你心怀敌意。一般来说，那些已经习惯了说恭敬的言语，用过分谦恭的态度对待他人的人，其内心往往积聚着对他人的强烈攻击欲。

3. 企图控制你

对方与你交往时故意使用谦逊与客气的言语，可能是企图突破你的心理防线，利用这种方式和态度闯进你的心里。其实，他们这样做的心理动机是想控制你，实现居高临下地与你交流的目的。

4. 进行心理防卫

许多人在言辞和行为方面都十分恭敬，这可能源于某种气质上的欠缺。也许他们在幼儿时期受到了父母严厉的教育，特别是有关礼节方面的。因此，那些在平常人眼中再正常不过的行为，在他们眼中却属于违背良心的事，所以他们心中才有了不安、罪恶和恐惧。于是，他们只好把那些不被良心认可的冲动、欲望和情绪通通压抑在心中。可是，他们心中特别恐惧，害怕冲动、欲望和情绪越积越多，有一天会形成强大的攻击冲动而发泄出来。因此，他们决定用恭敬的言辞来掩饰，以这种方式进行心理防卫。

从言谈方式看穿对方心理

　　每个人都有自己独特的谈话风格，而每一种谈话风格实际上都是情绪的表露。从对话题的偏好、回答问题的方式、礼貌程度、反驳问题的方式等都可以看出其心理。

　　当我们与人交流时，都希望能相谈甚欢，有一种相见恨晚的感觉。可是，有时候谈话进程并非像我们想的那样顺利，经常出现各种变故。所以，我们要学会从言谈方式看穿对方心理，及时发现对方言语中流露出的不利于交谈的情绪，然后将其化解。

1. 对话题的偏好

　　人的内心世界往往会通过谈论自己关心的话题而不自觉地呈现出来。因此，要想了解一个人的性格、想法、情绪，不妨从他常说的话题入手。

　　如果他谈论的话题偏重自己或家人，则说明他的自我意识比较强，经常以自我为中心。比如，一些中年妇女经常谈论自己的孩子，并且不希望有人在她们谈论孩子时突然转移话题。遇到此类情况，你不妨做一个倾听者，把话语权交给她们。

　　有些年轻的小伙子喜欢谈论汽车，经常当着他人的面谈论汽车的品牌、配置、外观、价格等，很可能这是在表示他将来肯定有购车能力，或者是向人卖弄自己在车子方面的丰富知识。遇到这种情况，你不妨聚精会神地听，偶尔插话向他们请教一些关于车子的问题，用你的耐心满足他们的虚荣心，而不要露出厌烦或不耐烦的神色。

2. 回答问题的方式

许多时候，我们谈兴正酣，对方却已经不在状态了。如果我们没有察觉到这一点，依然喋喋不休，只顾自说自话，就会让沟通变得无效。那么，在交谈中，如何才能知道对方是否乐意与你交流呢？

在一场谈话中，假如大多数时间都是你在滔滔不绝地说，就要注意辨别，是对方听得入了迷，还是对方希望你尽快讲完，害怕自己的回应会助长你的滔滔不绝。很多时候，当一个人觉得谈话有趣时，才会积极回应。你的谈话引起对方的回应越多，越说明他喜欢和你交流。假如你发现对方突然变得沉默寡言，一脸茫然地看着你，则说明他不愿意继续和你交流了。

但是有时候就算对方对谈话不感兴趣，也会碍于面子随声附和着提出一些问题，不过都是一些非常简单的提问，比如一些附和性的问题，"你们几点去的""那里挺好玩吧"等。假如对方真的感兴趣，往往会提出一些比较复杂的问题，比如，"你刚才说的××是什么意思""你能具体讲一下是怎么回事吗""你当时是什么感受"等。这就说明对方紧紧地跟着你的谈话思路，对你的话题感兴趣。

3. 礼貌程度

不知你是否发现，从礼貌程度能看出一个人的情绪变化。说话很有礼貌的人，是对你有好感，希望尽快成为你的朋友，并且个性直爽、坦诚。假如双方已经见了很多次面，说话时还是那么有礼貌，则说明对方只是希望和你保持工作上的联系，或与你保持一般的朋友关系。不过也有例外，有些人由于警惕性太高，平时习惯将自己封闭起来，或者不具备与他人深入交流的能力，也会礼貌待人。这种人并非真的礼貌待人，而是希望以礼貌待人的方式拉开双方之间的距离。

4. 反驳问题的方式

交谈双方出现不一致的观点时，可能会为了表达自己的观点而反驳对方，而且不同的人有不同的反驳方式。那么，如何从反驳方式了解他人的心理呢？

如果对方不注重委婉反驳，而是直接驳斥说"你说得不对"，说明他是一个以自我为中心的人，特别看重自己的主张，一旦坚持自己的观点，就不惜得罪他人。

如果对方说话很委婉，首先表示认同，然后再说出自己的主张，反驳对方时说"没错，不过……"，则说明对方是一个与人为善的人，懂得为他人考虑。因为这种反驳方式稳健、诚恳，比"你说得不对"这种直接反驳温和、委婉得多。

如果对方在反驳时说"所以说……""既然这样，那你还……"，言下之意其实是"咱们都已经说到这种程度了，你的脑子怎么还不开窍呢"。这样反驳其实暗含责怪之意。与其说这种人自信，不如说这种人妄自尊大、一意孤行，总是认为自己的脑子比较好使。

总而言之，人的所思所想经常会在不知不觉间通过言谈方式流露出来，人的情绪也体现在言谈方式上。所以，只要我们留心观察，就会从他人的言谈方式中看穿其内心世界。

心理小课堂

每个人都有不同的性情，不同的言谈方式能体现出不同的性情。以下就是几种不同的言谈方式体现出的不同性情。

1. 讲话温柔的人

讲话温柔的人性格柔弱，不喜欢争强好胜，也不轻易得罪人，不过意志薄弱，信心不足，胆小怕事，对人对事经常采取逃避态度。

2. 说话平缓的人

说话平缓的人性格优雅，待人宽厚仁慈，但是反应不够敏捷，遇事不够果断，思想比较保守。

3. 义正词严的人

义正词严的人具有不屈不挠的精神，做事公正无私、是非分明、立场坚定，具有很强的原则性。不过，这种人不善变通，给人一种固执的感觉。

4. 满口新词的人

满口新词的人对新生事物具有很强的接受能力，学会流行词就有不吐不快的冲动。但是，这种人缺乏主见，比较软弱。

要学会听"话中话"

中国人说话讲究含蓄，不喜欢太直接地表达，所以往往会借助弦外之音来表达自己的意思。假如我们听不懂"话中话"，就很难弄清楚对方的真实意图。

中国有句老话叫"说话听声，锣鼓听音"，这句话正是提醒人们要注意说话者的弦外之音。因为在生活中，许多话都不好明说，只能借助弦外之音表达出来。比如，当你问对方"最近怎么样"时，他阴阳怪气地回答说"很好"，如果你凭他的这句"很好"就断定他最近过得不错，那就大错特错了。

"我心里非常难受，想谈谈这件事""这项工作令我心烦""我要找您诉诉苦"……恐怕这些话说得最多的地方是心理治疗室吧？在现实生活中，人们总是玩着情绪的捉迷藏游戏，说一些"话中话"。所以，我们听别人说话不能流于表面，只听那些从嘴里说出来的话，而要善于听弦外之音，听出隐藏在字里行间的深层含义。

有一家小报社到知名大学挑选优秀毕业生，希望招聘几名报刊编辑。一名新闻系的学生前来应聘，过五关，斩六将，没想到最后在小河沟里翻了船。

原来，这家小报社的面试官问他："你们学校是国内名牌大学，你学的专业又是对口专业，而我们只是一个小报社，我觉得有些大材小用了。你觉得呢？"这名学生并没有听出面试官的言外之意是"你可能是想在我们小报社积累经验，然后跳槽到比较大的报社去吧"。其实，这名学生根本没有跳槽的意思，最后却因为没有听出"话中话"而失去了这次宝贵的机会。

生活中的"话中话"随处可见。比如：当一个人说"这只是一个玩笑罢了"，这句话的言外之意是"你这人怎么搞的，连这话都当真"；当一个人说"我不过是实话实说而已"，言外之意是"我很坦诚，你接受不了是因为你心胸狭窄"；当一个人说"你还想要什么"，言外之意是"你这个人要求真多，我已经开始厌烦你了"。

很多时候就是这样，人们嘴上说出的内容和想要表达的真实含义具有很大的差异。因此，要想听出说话人的"话中话"，就要多问一个为什么，可以问自己几个问题：他怎么这么说？是不是还有什么话没好意思说出来？

心理小课堂

"话中话"有多种形式，下面简单介绍几种常见的形式。

1. 赞美式

有时候，听上去是一句赞美的话，实际上却隐藏着责备。比如，"你这个人真是用心良苦"原本是一句赞美的话，可是如果说出的节奏和音调不同，含义也就不一样了。如果说"用心良苦"时暗含深意，就会变成一种讽刺。

2. 责备式

如果一句话中带有形容数量的词，可能会有讽刺的效果。比如"你有一点粗心""你的素质跟正常人比有一点差距"，这种"话中话"其实表达的都是责备和不满的意思。

3. 警告式

有一些"话中话"的作用是向别人提出警告。比如："我的意思是"这句话如果强调的是"意思"，那么你不同意也没有关系；如果强调的是"我的"，那么传递的信息就是"听着，不过不能不同意"。

4. 自嘲式

如果你与一个久未谋面的朋友偶然遇见，她身材很胖，曾经被你拿来取笑，每一次都因为你的取笑而陷入尴尬中，她很可能会抢先说："我是不是比以前更胖了？"其实，她这是一种自嘲式"话中话"，目的是先发制人，堵住你那张喜欢取笑人的嘴。她想表达的是，"咱们这么长时间没见了，你肯定又要取笑我，倒不如我自己嘲笑自己吧"。

5. 否定式

否定式的话外音经常被用来表达说话者的不满情绪，以及对另一方的否定。由于这种否定通常隐藏得非常巧妙，所以让人很难察觉到其中的否定之意。比如，某人刚买了一处新房，朋友来拜访时说："你这么年轻，拥有这样的房子已经很不错了。"朋友特意强调了"这样"和"已经"，所以这句话的言外之意其实是，"这个地方不太好，不过你还年轻，还能再买其他地方的房子"。原来，这句话暗含否定之意。

识破言不由衷的反话

正话反说或反话正说都属于反话的范畴，也都是比较常见的表达方式。那么，如何从反话中听出说话者的真心呢？这就需要我们掌握一定的辨别方法。

《鬼谷子》写道："故善反听者，乃变鬼神以得其情。……欲闻其声，反默；欲张，反敛；欲高，反下；欲取，反与。"意思是说，古代善于从正反两面反复了解事物的人，往往采用鬼神不测的变化手段来了解真实情况。要想了解对方的实情，就要善说反话，以便观察对方的反应。想说话时，反而沉默不言；想要敞开，反而先收敛；想要升高，反而下降；想要获取，反而给予。

人人都渴望自己的想法被他人理解、接纳，希望他人更多地了解自己。但是，许多人都已经习惯了隐匿自己的真实想法，或者羞于把自己的要求直接说出来，反而经常说一些和本意完全相反的话，嘴上说好，其实心中的抵触情绪非常大，嘴上说不想要，其实心中很想得到。这就是说反话。比如，每逢春节，父母总是给孩子打电话说："工作忙的话，就不用回来了。"虽然嘴上这么说，但是有哪个父母不希望孩子经常回家看看呢？如果子女真的不回家，父母一定会特别失落。

一般来说，关系比较亲近的人之间经常说反话，尤其是夫妻之间。比如，妻子经常对丈夫说："你真讨厌。"可是实际上要表达的意思却是爱慕。又比如，妻子经常对丈夫说："滚蛋！"其实"滚蛋"的意思是"朝我这个方向滚过来"。当丈夫在结婚纪念日或情人节买一束鲜花送给妻子时，妻子总是嗔怪道："你太不会过日子了，花那个钱干什么？"一顿唠叨劈头盖脸地砸来，但是唠叨过后心里却美滋滋的。如果丈夫听不出这些话里隐藏着相反的意思，那就成了不解风情的榆木疙瘩。另外，如果丈夫会错了意，就会觉得妻子无理取闹，简直不可理喻。

女人们为什么这么爱说反话呢？有话为什么就不能直接说呢？其实，有一个常见的心理动机：掩饰内心的羞涩。比如男人说："想我吗？"女人说："不想！"有些女人会担心"我说想你，你肯定会小瞧我"，还有些女人则感觉不好意思，羞于说出口。

一个人说反话，一般有四个原因。一是为了保护自己，不想让人看穿自己的想法，让自己的内心完全暴露在阳光之下。二是为了照顾他人，不让他人跟着担心，出于善意才不说实话，但它往往会变成阻碍沟通的罪魁祸首，制造一些不必要的误会。三是为了给他人留下一个心胸宽广的印象，明明心存芥蒂，表面上却友好和善，装作宽容大度。四是为了讽刺他人，突出荒唐，形成反差，以达到强烈的讽刺效果。

心理小课堂

反话有两种形式，一种是正话反说，另一种是反话正说。

比如，夫妻俩吵架，丈夫问："我平时对你怎么样？"妻子生气地答道："好，非常好，怎么这么好呢？"这里妻子说的就是反话。

原话	本意
你怎么就这么懂事呢？	你真不懂事！
你穷，比我都穷，所以才不肯借钱给我。	你有钱还不肯借给我，装什么穷呀！
你这人可真行！	你这人人品真不怎么样！

（续表）

原话	本意
瞧他多有能耐！	瞧他多没本事！
太好了，怎么就那么好呢？	好什么好，糟糕透了！
人家哪会需要咱们帮忙呀？他自己什么都能搞定。	他又不是什么都行，总有求咱们的时候。
你没打我，我身上的伤是我自己打的。	就是你打的我，不然我身上的伤是哪来的？

　　有一点需要注意，要根据说话者的语气来判定是不是反话。同一句话，语气不同，意思也会完全相反。比如上面我们所说的"你怎么就这么懂事呢"，可能是"你真不懂事"的意思，但也可能是"你真是太懂事了"的意思。

心理测试 情绪类型测验

许多人都会在不同时期出现难以抑制的不良情绪，要想找到解决之道，首先要做一个小测试，找出自己的情绪类型。

(测试内容)

请认真回答以下问题，选出最贴切的答案，测测你的情绪属于哪个类型。

1. 对你来说，哪种情绪最具挑战性？

    A. 愤怒　　　　　　B. 恐惧　　　　　　C. 罪恶感

2. 你对改变持什么样的态度？

    A. 必要的　　　　　B. 乐观的　　　　　C. 耗费精力的

3. 你最喜欢哪一项？

    A. 效率　　　　　　B. 远景　　　　　　C. 真实

4. 哪种身体症状常常困扰你？

    A. 心血管问题　　　B. 胃不适　　　　　C. 偏头痛

5. 你最大的情绪管理优势是什么？

    A. 做决策不受情绪影响

    B. 建立信任

    C. 双赢沟通

6. 对你来说，情绪表现出什么特点？

    A. 力量强大的　　　B. 捉摸不定的　　　C. 具有挑战性

7. 你最无法忍受什么事情？

    A. 在情绪上漫无边际地浪费时间

    B. 蛮横无理地发泄负面的情绪

    C. 自己被情绪绑架而又无可奈何

8. 假如你必须从以下三个选项中放弃一项，你会放弃什么？

    A. 人生的使命   B. 预测他人行为的能力   C. 乐观思维

（结果分析）

    假如你选择的A最多，则说明你是"定时炸弹型"。你有着清晰的目标，重视实质结果，很容易养成隔离情绪的习惯，却会在不知不觉间忽视他人的情绪。"定时炸弹"是激进的、尖锐的，而且是愤怒的，属于最强势且咄咄逼人的一种类型。最普遍的情绪是愤怒。

    假如你选择的B最多，则说明你是"老好人型"。你对长期目标与他人的感受比较重视，很敏感，不过经常忽视自己的感受和当下的任务。最普遍的情绪是恐惧。"老好人"很容易盲目地满足对方当下的情绪需求，但是，满足对方当下的情绪需求并不总是意味着双赢、长远和解决问题。因此，你很容易被他人占便宜，在解决事情的核心问题时习惯拖延。

    假如你选择的C最多，则说明你是"情绪透支型"。你十分坚持得到一个完美的结果，责任心比较强，比较善于观察，重视事实与数据。不过，由于缺乏表达情绪的习惯，很容易形成压抑情绪。最普遍的情绪是罪恶感，情绪透支，容易在压力下放弃自己的需求。因此，你常对自己的诸多做法感到不满却无能为力。

第五章
控制好自己的不良情绪

周围的许多因素都会影响我们的情绪，而对情绪的控制能力决定了我们的人生。善于控制不良情绪的人，是自信的、乐观的、优秀的，而不善于控制不良情绪的人，是自卑的、悲观的、平庸的。可以说，只有控制好自己的不良情绪，才能牢牢把握住自己的生活。

走出绝望，解决冲突是关键

长期处于情绪低落的状态中，内心极度脆弱，对当下和未来看不到丝毫希望，这就是绝望。如果不从绝望中走出来，就很可能自暴自弃。

"哀莫大于心死"，绝望是消极情绪的极端表现。绝望的人，心已经死亡，只剩下一具躯壳，其危害程度比抑郁更为严重。

绝望的人其实已经陷入自我厌恶的坏情绪之中。他们看着周围的人都很成功，生活都很幸福，自己却一次次失败，生活在痛苦之中，所以陷入了自我厌恶的坏情绪之中。绝望的人还经常在埋怨"唉，我怎么这么没用"，如此一来，也就无法接受自己，对自己失望，不再相信自己。

假如放任自我厌恶的情绪，脑海中频繁闪现"我真没用"的想法，或者把事情想得太严重，人对自己的评价就会降低，也就无法从容地发挥自己的能力了。自我厌恶的情绪一旦加重，这类人到最后就会自暴自弃。

绝望大多是因为无法接受现实与理想之间的落差，一边是期望过高，想象太美好，另一边是现实太残酷，生活太悲惨。志向高远原本是一件好事，但是，假如对自己期望过高，在心中告诉自己"我一定要怎样""我就该如何"，就会把自己关进理想的牢笼里。如此一来，一旦理想和现实有落差，就会陷入自我厌恶之中。其实，志存高远本没有错，但与此同时也要认清现实，走好脚下的每一步，从而逐渐接近自己的目标。

绝望来自生活中的各种冲突，只有处理好各种冲突，才能缓解、疏导绝望情绪，从绝望中走出来。那么，具体该怎么做呢？

1. 用意识来解决冲突

研究发现，人的意识可以控制情绪的产生，也可以调节情绪的强弱。因此，我们可以巧妙利用积极的自我暗示来解决冲突，比如用"我可以……""我要……"暗示自己能做什么、要做什么，通过这种方法来调控情绪。

2. 用语言来解决冲突

单靠意识控制情绪还不够，还要把所思所想说出口，因为说出口和在心里说是两种完全不同的情绪感受。另外，还可以在经常看得到的地方张贴一些激励性的标语，通过这种方式由外而内解决冲突，引导自己产生积极情绪。

3. 用转移注意力来解决冲突

假如有什么事情让你绝望，那就不要继续在这件事情上纠结，可以尝试用转移注意力的方法来解决冲突，从一个全新的角度去看待它，或换一种全新的方式来对待它，而不是一味地沉浸在绝望、颓废中无法自拔。要想转移注意力，还可以看一些调节情绪的电影、书籍，听一些舒缓情绪的轻音乐，从而让生活充满积极情绪。

4. "喜新厌旧"

所谓"喜新厌旧"，就是彻底断绝那些令你绝望的生活方式，换成能给你带来希望的生活方式。比如结束一段让你绝望的恋情，开始一段给你带来希望的恋情，或者以辞职的方式摆脱令你喘不过气的工作氛围，寻找一份新的工作。另外，你还可以从生活细节入手，换一个新的发型，吃一种新的水果，买一身新衣服……总之，你要"喜新厌旧"，让自己从绝望的情绪中彻底解脱出来。

心理小课堂

美国的两位心理学家理查德·雷赫和马斯·霍姆斯制作了一份生活琐事调查表，将情绪变化强度转化为量，用点数来衡量人们日常生活中的遭遇和情绪压迫的关系。他们把不同的遭遇用不同的点数来衡量，具体内容见下表：

生活琐事调查表

遭遇事项	压迫点数
配偶死亡	100点
家属死亡	63点
离婚	73点
失业	47点
职位调动	36点
职位下降	29点
家属生病	44点
性生活不和谐	39点
与亲戚发生纠纷	29点
与上司发生摩擦	23点
搬家	20点

假如同时遭受几种变化的冲击，那么压迫总强度则为几种遭遇压迫强度之和。最后，他们调查发现，一年内遭遇点数在300点以上的人，89%都会陷入绝望的情绪之中，并且在这些绝望的人中，大多数人都患有高血压、胃溃疡、偏头痛和肠绞痛。另外，如果长时间处于绝望、悲观、忧愁之中，患癌症的概率就会大大提高。

消除遗憾情绪，放下心中的负累

每个人的人生都有一个缺口，如影随形地跟着人一生。对于生活中的遗憾，不妨宽心接受，放下心中的负累，这样才能更珍惜自己所拥有的一切。

新加坡歌手许美静有一首歌叫《遗憾》，里面有这样几句歌词："别再说是谁的错，让一切成灰。除非放下心中的负累，一切难以挽回。你总爱让往事跟随，怕过去白费……"所谓遗憾，其实就是希望做到或将要做到但终究没有做到时的惋惜心理，或为追求理想而奋勇拼搏但最终依然没能实现时的惋惜心理。

人生在世，难免会遇到一些遗憾的事。如果我们把遗憾埋在心里，日积月累，长此以往，就会深陷意志消弭的泥潭而无法自拔，跌入精神萎靡的深渊而无法解脱。因此，我们应当消除遗憾情绪，那样才能保持心理平衡。

那么，如何才能消除遗憾情绪呢？以下提供几种方法：

1. 接受事实

威廉·詹姆斯曾说："要乐于承认事情就是这样，能够接受已经发生的事实，这是克服任何不幸的第一步。"错过的时光一去不复返，既然已成事实，无力改变，除了心平气和地接受，还能怎样呢？

电视剧《半生缘》里介绍了一对真心相爱的恋人，在命运的捉弄下，他们各奔东西，多年后再相见，两个人痛苦万分，追悔莫及，只剩下遗憾。可能人世间最大的遗憾莫过于两个相恋的人无法牵手一生一世，但是事情既然已经发生，就只能接受事实，而不是活在遗憾和幻想中。

2. 接纳不完美的自己

我们总过分强调羞耻感和罪恶感，却忽视了接纳和宽恕的重要性。诚然，羞耻感和罪恶感对个体十分重要，但绝不能让羞耻感和罪恶感成为绑架自己内心的枷锁。这就像我们去教堂里忏悔，通过倾诉的方式卸下心中的包袱，在一定程度上获得对自我的原谅。

谁都不愿意沉浸在自责中，都需要继续生活下去，追求幸福。从这个角度来说，接纳不完美的自己是必要的，因为人生是没有完美可言的，完美仅仅存在于理想中，生活中处处有遗憾，这才是真实的人生。

3. 吃一堑，长一智

"树欲静而风不止，子欲养而亲不待。"子女希望尽孝时，父母却已亡故，这不得不说是人生中的一大遗憾。

孔子听到有人哭得万分悲伤，于是找到那人问："莫非你家中有丧事？否则为何哭得这么悲伤啊？"

那人回答说："我一生做了三件错事。年少时为了求学，周游列国，却没有把照顾亲人放在第一位，这是其一。为了追求自己的理想，为君主效力，没有孝敬父母，这是其二。与朋友相交甚厚却疏远了亲人，这是其三。树想静下来但是风不停，子女想好好赡养父母但是父母已经不在人世了。就让我从此离开人世吧！"说完就死了。

孔子对弟子们说："你们要引以为戒，希望这件事能让你们明白一些道理。"于是，有十分之三的门徒选择辞行回家赡养父母。

对于人生的遗憾，比尔·盖茨有一个经典的比喻："人生就像一场大火，我们每个人唯一可做的，就是从这场大火中多抢救一点东西出来。"所以，有遗憾不可怕，可怕的是不能从遗憾中吸取教训，而让遗憾一遍遍上演。

4. 多想想遗憾的积极意义

遗憾也会让我们有所收获，比如它能增加人生阅历，拓宽视野，积累知识，让我们认识自身的不足，促使我们做更好的自己。比如，经历过"子欲养而亲不待"的遗憾后，必然会懂得亲情的重要性，更加重视与亲朋好友之间的情谊。

5. 不要抓住过去不放

心有遗憾的人经常说"要是……的话就好了""我当初怎么没有……呢"。这些话说出口也无济于事，只能徒增伤感。逝去的时光无法挽回，经历的人生不能重来一次。假如一直沉浸在回忆中，就会失去当下的好心情，错失更多美好。所以，已经发生的事情，不要抓住不放，该过去的就让它过去吧！

心理小课堂

美国临终关怀护士博朗尼·迈尔做了一项调查，总结了生命走到尽头时人们最后悔的五件事。

1. 真希望当初有勇气过自己真正想要的生活。

2. 真希望当初我没有花这么多精力在工作上，那样就不会失去关注孩子成长的乐趣，失去陪伴爱人的温暖。

3. 真希望当初我能有勇气表达我的感受，而不是长时间压抑愤怒与消极情绪。

4. 真希望当初我能和好朋友保持联络，没有因为忙碌的生活忽略了真挚的友情。

5. 真希望当初我能让自己活得开心点，而不是习惯了掩饰，在人前堆起笑脸。

无独有偶，日本也有这样一位年轻的临终关怀护士大津秀一。他在亲眼看到、亲耳听到一千名患者的临终遗憾后，写下了《临终前会后悔的25件事》一书。其中列出的遗憾有：

1. 没有做自己想做的事。

2. 没有实现梦想。

3. 做过对不起良心的事。

4. 被感情左右度过一生。

5. 没有尽力帮助过别人。

6. 过于相信自己。

7. 没有妥善安置财产。

8. 没有考虑过身后事。

9. 没有回故乡。

10. 没有享受过美食。

11. 大部分时间都用来工作。

12. 没有去想去的地方旅行。

13. 没有和想见的人见面。

14. 没能谈一场永存记忆的恋爱。

15. 一辈子都没有结婚。

16. 没有生育孩子。

17. 没有看到孩子结婚。

18. 没有注意身体健康。

19. 没有戒烟。

20. 没有表明自己的真实意愿。

21. 没有认清活着的意义。

22. 没有留下自己生存过的证据。

23. 没有看透生死。

24. 没有信仰。

25. 没有对深爱的人说"谢谢"。

克服猜疑心理，抑制主观臆断

猜忌和怀疑是一种心理疾病，也是幸福的大敌，既伤害他人，又容易作茧自缚，带给自己无尽的烦恼。因此，你最好停下猜忌，并认识到猜忌的成因和危害，彻底克服猜忌心理。

培根曾这样形容猜疑："它是迷陷人的，乱人心智的，它能让你陷入迷惑，混淆敌友，从而破坏他人的事业。"确实如此，古往今来，因猜疑而酿成的悲剧不胜枚举。吴王夫差因猜忌心理而错杀忠心耿耿的伍子胥，奥瑟罗因猜忌心理而错杀贞洁的妻子，就连中国古代三十六计中的反间计，也是紧紧地抓住了人性中喜欢猜忌的弱点。

猜忌和怀疑是一种心理疾病，不仅会导致人际关系紧张，无端伤害他人的感情，还会使猜疑者本人的心理负担加重。严重的猜疑心还会导致妄想症，我们在电视里看到的那些疑神疑鬼，认为有人要谋害自己的精神病人，就是得了这种病。

产生猜疑心理是一种正常现象，不必过分担心，重要的是如何克服它，不使它蔓延滋生，以免造成更大的伤害。那么，怎样才能赶走人际交往中的猜疑心理呢？

1. 理性思考，而非无端猜疑

当你发现自己在猜疑某个人或某一件事情时，不妨理性思考一下，在心中问自己一声为什么要猜疑，这样做是否合适。

其实，猜疑是一种消极的自我心理暗示，指的是在缺乏客观依据的情况下，依然对他人进行毫无根据的猜想与怀疑。在猜忌的心理作用下，人往往会作茧自缚，陷入一种封闭思路中，也就是从某一个假设目标出发最后又回到一个假设中去。从客观来讲，这样得出的结论无凭无据，往往是极端可笑的。

一般情况下，一个人产生猜忌心理与自己的观念以及思考问题的方式有关。克服猜忌心理，就要用合理的观念与思维方式来解释现实生活中遇到的各种问题。比如，路上遇到熟人而对方却没有跟你打招呼，先不要愤怒地认为他对你心有成见，而是告诉自己他可能是没看见或没反应过来。用理性方式思考，就可以避免或减少猜忌情绪的产生。而运用这一方式思考的关键是，对生活中的非原则性小事不要认死理。

2. 发现自身优点，增强自信心

从心理学角度分析，缺乏安全感是猜疑心理产生的原因，而缺乏安全感很可能源于缺乏自信。在生活中，每个人都期望得到他人的赞赏，在意他人对自己的评价，尤其是那些内心波动比较大的人，更容易产生猜忌心理。

通常而言，那些喜欢猜疑的人都对他人抱有强烈的戒备和敌意，不肯相信别人，而问题的根源是他们缺乏自信，有自卑倾向。由于自卑，所以非常敏感，又由于非常敏感，所以特别多疑。因此，要想克服猜疑心理，就要相信自己的能力，对自己有足够的信心。

3. 利用沟通克服猜疑心理

有些人疑心重重，这源于他们平时很少与人沟通。由于缺乏沟通，自然无法了解他人的想法，所以只好靠猜测来推断和分析，如此一来，误会也就乘虚而入了。假如可以打开心扉，经常与人沟通，交换彼此的意见，就会发现许多疑惑只不过是误会而已，澄清后自然可以豁然开朗，也就不会再有无端的猜疑了。从另一个角度来说，经常与他人沟通，还能让你的沟通对象从你们之间的交流中看破你的迷乱思绪，帮你理清思绪。

心理小课堂 ●

在生活中，经常会碰到这样的人：你对他说一句平常话，他再三品味你话中的言外之意；你与他开个玩笑，他觉得你是在嘲笑他；你和别人低声说话，他以为你在议论他；你笑容可掬地问候他，他觉得你笑里藏刀；他生活中遇到一些小挫折，总怀疑是有人在故意整他；你好心好意要帮他，他怀疑你用心不良。他们总是保持高度的警觉性，像个侦探一样怀疑身边的每一个人，甚至会无端怀疑爱人、朋友的忠诚。

现代心理学研究表明，多疑症是一种心理疾病，属于偏执型性格缺陷。一般情况下，多疑症患者在儿童时代受到过严厉的对待或遭遇过不幸，这往往会导致他们与别人在感情上慢慢疏远，逐渐发展为对所有人都不信任。这类人往往神经过敏，怀疑一切，心胸狭窄，自视过高，遇到任何事都习惯往坏处想，总觉得所有人都在故意刁难自己，甚至捕风捉影，别人咳嗽一声，都觉得那是对自己的暗示。多疑症患者往往会陷入内外交困的尴尬处境中，在家中无法和亲人和睦相处，在外面不能与同事保持融洽的关系，经常弄得人际关系十分紧张。由于长期惶恐不安，整天处在心理紧张中，所以缺乏真诚的爱情、亲情和友情。

控制焦虑，用释放摆脱煎熬

面对激烈的竞争和瞬息万变的环境，许多人都变得焦虑，陷入煎熬之中，极大地影响了身心健康。因此，找到一种克服焦虑的方法就显得十分必要了。

忙碌的工作像一个大熔炉，把我们的心烧得沸腾起来；紧张的生活像举在手中的鞭子，不断抽打在我们身上，让我们焦虑不安。所以我们经常担忧：如果有一天我失业了怎么办？假如还不了房贷怎么办？我能顺利拿到养老金吗？爱人有一天会和我离婚吗？孩子能进一所好学校吗？人生不满百，常怀千岁忧。令我们焦虑的问题实在是太多了，而由此引起的负面情绪将一直纠缠着我们，又怎么会快乐呢？有一位德国哲学家说过这么一段话：没有什么情感比焦虑更令人苦恼了，它给我们的心理造成巨大的痛苦。

唐代僧人神秀曾作一偈："身是菩提树，心如明镜台。时时勤拂拭，勿使惹尘埃。"僧人惠能看到这个偈子后，也作了一偈："菩提本无树，明镜亦非台。本来无一物，何处惹尘埃。"他这个偈子非常契合禅宗顿悟的理念，是一种出世的态度，主要意思是，世上本来就是空的，看世间万物无不是一个"空"字，心本来就是空的，无所谓抗拒外面的诱惑，任何事物从心而过，不留痕迹。焦虑也是如此，它并非由实际威胁引起，其给人的紧张惊恐程度与现实情况非常不相称。通常而言，焦虑不过是无谓的担心。我们要彻底摆脱令人苦恼的焦虑，就要保持身心平静。

对此，我们可以运用以下几种自我调节的方法来帮助自己早日摆脱焦虑。

1. 找出引起焦虑的根源

研究发现，许多焦虑症患者患病都有一个过程，在他们的潜意识中，长时间存在一些被压抑的情绪体验，或者曾遭遇某些心灵的创伤，而且这些焦虑症状早就已经以其他形式体现出来了，只是患者本人没有对自己的情况给予重视。所以，一旦发现自己有焦虑情绪，就要把深层意识中引起焦虑和痛苦的事情挖掘出来，这样才能对症下药，减缓焦虑。

2. 尽量保持平和的心态

人会焦虑，可能是因为时间上的压力。比如在生活或者工作中，由于时间紧促，事情经常压着做不完，所以内心焦虑。遇到这种情况，要摆脱焦虑，最忌急躁。不妨闭上眼睛，深呼吸，让心情平静下来，这样就能把主要精力集中在当前的事情上。平和的心态对舒缓焦虑情绪至关重要，因此，凡事要看淡一些。

3. 想好优先顺序

假如同时要做几件事情，通常也会引发焦虑情绪。遇到这种情况，就要冷静地把握现在的情况，想好优先顺序。一般情况下，我们遇到的事情可以被分为四种：重要而不紧急，紧急而不重要，不重要且不紧急，重要且紧急。我们处理的优先顺序应该是先做重要且紧急的事情，再做紧急而不重要的事情，再做重要而不紧急的事情，最后做不重要且不紧急的事情。不管如何计划，都要牢记：一段时间内只做好一件事情。优先顺序搞清楚了，也就不会去考虑过多的事情了。

4. 不要与人比较

经常与人比较也是产生焦虑的一个原因。比如，有些人常想："我都三十多岁了，还是单身，同龄人孩子都有了。""我邻居家里很富裕，经常买一些高档衣服，我却只能买一些地摊货，这样下去什么时候是个头。""同事们都升迁了，只有我原地不动，真让人心焦。"经常与他人比较的人，容易受舆论控制，被他人的眼光左右，产生"大家都买了，我也要买""他们都升职了，我也要升职"的心理。一旦陷入这种思维定式中，就难免会因为自己与他人的差距而焦虑。所以，要正视自己与他人之间的差距，不要处处攀比。

5. 培养成就感

容易焦虑的人，往往都缺乏成就感，看低自己的能力而夸大事情的难度，一旦遇到挫折，焦虑情绪和自卑情绪就会出现。所以，我们发现这些弱点后，要予以重视并加以改正，而不是心存依赖，等待他人的帮助。并非只有那些大事才能产生成就感，生活中的许多小事一样可以产生成就感，所以，可以给自己制定一些小目标来完成，逐渐积累做事的信心和成功的喜悦，时间长了自然就会有成就感。

心理小课堂

心理学家认为，焦虑源于对威胁性事件或情况的预料产生的一种高度忧虑不安的状态，表现是精神过敏、高度紧张，严重时可能引发生理和心理功能障碍。根据焦虑的不同程度，可以把焦虑分为以下四个不同的层次：

第一个层次是身体紧张。处在这一层次的人，通常会觉得自己没有办法放松，紧张兮兮的，表情严肃，眉头紧锁，长吁短叹。

第二个层次是自主神经系统反应强烈。处在这一层次的人，由于交感和附交感神经系统经常超负荷工作，所以容易出汗、晕眩、呼吸急促，同时伴有心动过速、身体时冷时热、手脚冰凉或发热、胃部难受、大小便频繁、喉头有阻塞感等情况。

第三个层次是无端地担心未来。处在这一层次的人，经常会担心未来，比如担心自己的事业，担心自己不能升职，担心自己的财产和健康等。

第四个层次是过分机警。处在这一层次的人，时刻都像一个站岗放哨的士兵一样，对每一个细微的动静都充满警惕。

化解嫉妒，抑制攀比心

"既生瑜，何生亮？"嫉妒他人的人总爱与人比较，在比较时发现不如别人的地方，从而无法释怀。而盲目攀比则是产生嫉妒心理的根源，抑制攀比心，才能化解嫉妒心理。

生活中，听几个女人闲聊时，经常听到这样的话："听说小曼的老公月薪两万，年终还有二十万的年终奖，真厉害！不过他公司效益不行了，说不定什么时候就会裁员。""不就是买了辆汽车吗，他踮得连走路的姿势都变了。""小丽的老公给她买了一条裙子，就是咱们上次在商场里看上的那条，一万多块钱呢！裙子是挺好的，不过穿在她身上的效果很一般。"

遇到比自己优秀的人，有些人会产生羡慕之情，这是一种积极的情绪；而有些人则会产生嫉妒之情，这是一种消极的情绪。一个人之所以嫉妒他人，是因为羡慕他人拥有自己渴望的东西，而自己一时又不具备拥有的能力，所以表现得自卑、羞愧、愤懑。

美国著名的人类学家乔治·福斯特说："在全世界所有的文化中，一切出头鸟都会被同样地看待。"也就是说，每一个人的成功都会引起周围人的嫉妒。好像在大家看来，假如别人拥有的东西多，自己拥有的东西就会相应变少。

嫉妒是一种非常典型的消极情绪。心怀嫉妒的人对他人的每一次成功都感到痛苦，哪怕他人的成功并不会损害他们的利益。这种痛苦心情令嫉妒者感到不安、烦躁，从而危害身心健康。为了摆脱这种痛苦，嫉妒者的内心深处就会产生一种情绪，希望他人远离成功。妒忌心特别强的人，甚至会不择手段地破坏他人的成功，为此不惜以牺牲自己的利益为代价。正如培根所说："嫉妒这恶魔总是在暗暗地、悄悄地'摧毁掉人间的美好事物'。"

那么，我们如何化解嫉妒，抑制自己的攀比心呢？

1. 用自我暗示增强心理承受能力

自我暗示，也被称为自我肯定，它是一种调节心理的强有力的技巧，可以迅速改变一个人对生活的态度，增强其承受能力。常见的自我暗示是用具有鼓励性的语言和动作来鼓励自己。比如，看到他人取得非凡的成就后，可以在心中对自己说"其实我也不错""再努力一些，我也可以如此优秀"之类的话，久而久之，自然能改掉盲目比较的习惯，心理承受能力也会因此增强。

2. 客观地评价自己

当意识到自己产生了嫉妒的情绪时，应该冷静地分析自己的优点和缺点，积极主动地调整自己的意识和行为。

3. 适当宣泄

嫉妒是一种十分正常的负面情绪，产生嫉妒情绪不需要遮遮掩掩，也不需要长期压抑在心里。可以适当宣泄，把心中的不满说给亲朋好友听，避免嫉妒心越来越严重。

4. 减少横向比较，增加纵向比较

比较可以分为横向比较和纵向比较两种。所谓横向比较，指的是拿自己与他人比。"山外有山，人外有人。"你优秀，别人也许比你更优秀，所以即便你拿自己的优点去跟别人的优点比，也未必有必胜的把握，更何况是拿自己的

缺点去和他人的优点比较呢？与其横向比较，不如纵向比较，也就是拿自己的今天和自己的昨天比较，看自己是否有进步，从中找出长期的发展变化，以这种进步的心态给自己打气。

5. 发现自己的优点

许多人都觉得自己不足以与他人比较，但是不要忽略了每个人都有自己的优点这一事实，只有发现自己的优点，才能更好地扬长避短，充分发挥自己的优势，获得更大的成功。一旦发现了自己的优点，就要勇敢地展现出来，创造条件把它放大，让优点成为我们进步的阶梯。

6. 完善自己

假如一个人明白只有完善自己才能逐步提高的道理，就可以转移视线，把嫉妒心转变为自己努力的动力，如此一来，嫉妒心也就有了积极意义。

心理小课堂

1. 嫉妒心理具有很强的领域性

观察发现，嫉妒心理具有很强的领域性。也就是说，只有在同一领域的两个人或几个人存在竞争关系时，才会产生嫉妒心理。比如，同一名女子的多个爱慕者之间，同一个职位的多个竞争者之间，同一个班的各个同学之间，参加同一项目的多名运动员之间，往往会产生嫉妒心理。而且，人只会嫉妒与自己处于同一领域且表现比自己好的人，而不会嫉妒与自己不在一个领域的人，也不会嫉妒同一领域里表现比自己差的人。

2. 嫉妒是一种被破坏的优越感

嫉妒是一种优越感被破坏后的心理反应。因为一个人只有在自己具有优越感，并且这种优越感被别人超越时，才会产生嫉妒。假如不具备优越感，那么他只会表现为自卑和羡慕，而不会产生嫉妒心理。一无所有的乞丐绝对不会嫉妒皇帝的地位、权力和财富，因为与皇帝相比，他从来没有在这些方面有过个人优越感，自然也就不可能产生嫉妒。而那些手握重权的大臣，以及那些渴望得到皇位的皇帝的兄弟、叔父才会有优越感，从而产生嫉妒。

3. 嫉妒源于猴王心理

人类天生具有一种强烈的"唯我独尊"的意识，也就是我们所说的猴王心理。每个人都希望自己是最重要的、最强的，是不容置疑的第一号人物。当所有人都把你当成最重要的人，或者你自认为是强者时，你就会很高兴、很欣慰。相反，当有人不把你当成最重要的人，或者是你不承认自己不如别人时，你就会变得自卑、伤心、焦虑、烦躁。一旦发现自己不如别人，发现自己不是最强的人，而是最弱的、最可怜的人时，自身的猴王心理就会被击垮，从而产生嫉妒。

控制生气，扑灭心中的怒火

当心中的怒火熊熊燃烧时，我们既不可以因为无节制的宣泄而灼伤自己和他人，也不能因为一直压抑而加重我们的身心负担。因此，我们要学会在怒火刚露出苗头时就将它扑灭。

心理学研究表明，脾气暴躁，经常发火，既会增加诱发心脏病的致病因素，又会增加患其他病的可能性。少发火的人，死亡率和心脏病复发率都会大大下降。因此，我们要有效地抑制愤怒的情绪，让自己保持平和的心情。

其实，要做到这一点并不难，因为有许多方法能扑灭心中的怒火。那么，具体来说，我们应该怎样给情绪降温呢？

1. 放慢语速，调整心情

在生气时，你可以试着调整自己的呼吸，使呼吸逐渐均匀，并在心中暗示自己："保持放松，一定要冷静。"假如你的情绪依然很激动，不妨先把眼睛闭上，然后想一想那些让自己高兴的事情，并尝试着从他人的角度来审视自己。如此一来，你自然就能冷静下来了。

2. 抑制怒火，冷静反应

如果有人冲你大喊大叫或以语言为武器攻击你，你该如何招架呢？置之不理，或者是以牙还牙？遇到这种情况，你可以调整自己的心态，不做出任何回应。因为事情已经发生，你无力更改，也无法控制对方的行为。如果进行反击，只会激化双方的矛盾，让事情变得更糟糕。而不做出任何回应则可以"釜底抽薪"，让对方想发飙都难。

3. 找到自己发怒的原因

想要发怒时，可以待情绪稍微冷静下来后，找到自己发怒的原因。比如，是因为朋友总是嘲笑你的体形和衣着吗？是因为上司总是说你不努力工作，让你受了委屈吗？是因为父母总是无端地批评你，不顾你的感受吗？

4. 正视症结

弗吉尼亚·威廉姆斯曾说："关键在于，不要总是说'我气坏了'却无所作为。你需要确定自己生气的原因，然后向前去。"只需要一个简单的要求或行动，就可以产生一定的效果。所以，假如你发怒的原因是你的妻子没有经过你的同意买了一套昂贵的化妆品，那么你就要正视症结，让她承诺下次大笔消费前务必征求你的意见。

5. 不要说粗话

互相体谅是扑灭心中烈火的最好方式，所以你要学会体谅对方。就算你非常生气，也不能骂对方是"傻瓜""笨蛋"，甚至是更粗野的词语，否则就等于把对方当成了自己的敌人，也就不可能为对方着想了。

6. 暂时走开

当你感觉特别生气，已经到了无法控制的地步时，最好暂时走开，换一个场合，先离这个让你生气的人远一点。你可以把自己关进房间独自待一会儿，也可以找个地方让自己平静一下心情。

7. 转移自己的注意力

怒气冲冲的人很容易被情绪冲昏头脑，做出无法挽回的事情，所以要给情绪降降温。那么，具体该怎么做呢？你可以转移自己的注意力。比如，当别人惹你生气，你有大打出手的冲动时，不妨听一听舒缓的音乐，去公园散散步，到湖边吹吹风，等等，以这种转移自己注意力的方法扑灭心中的怒火。

心理小课堂

美国心理学家做了这样一个实验：他们将生气的人的血液中含有的物质注射到小老鼠身上，并观察小老鼠的反应。刚开始时，这些小老鼠表现呆滞，胃口尽失，每天都不吃不喝，仅仅过了几天，就一命呜呼了。

美国生理学家爱尔马也做了类似的实验，他收集了人们在不同情况下的"气水"，也就是收集在生气、悔恨、悲痛和心平气和的情况下呼出的"气水"，将它们做对比。结果也证实，生气对人体的危害非常大。他将心平气和时呼出的"气水"放到化验水中，发现化验水无杂无色，清澈透明，而悔恨时呼出的"气水"沉淀后呈蛋白色，悲痛时呼出的"气水"沉淀后呈白色，生气时呼出的"气水"沉淀后呈紫色。把"生气水"注射在大白鼠身上，只过了几分钟，大白鼠就没了生命体征。

通过这个实验，爱尔马得出结论：人哪怕只生气十分钟，也会耗费大量精力，其程度等同于参加了一次三千米赛跑；生气时的生理反应非常剧烈，分泌物比其他情绪产生的分泌物更为复杂、更具有毒性。

所以，容易生气的人很难健康、长寿。一个人大发脾气或生闷气时，生理上会产生一系列变化，导致人体各个部位都受损伤，甚至危及生命。比如，当一个人生气时，心跳就会加速，心脏受到怒气的侵入，就会导致心慌、心痛、胸闷、肺胀，最终伤心损肺。另外，生气时会出现气极忧虑、胃感饱胀不思饮食的现象，久而久之必然会影响胃肠消化功能，伤脾伤胃。甚至，人在发怒时心理状态还会失常，导致情绪高度紧张，神志恍惚。处在这样恶劣的心理状态和不良情绪下，大脑中的"脑岛皮层"就会因为受到刺激而改变大脑对心脏的控制，影响心肌功能，引起突发的心室纤维颤动，导致心律失常，甚至心脏搏动停止而死亡。因此，从自身健康的角度考虑，也应该主动扑灭心中的怒火。

抑制逃避，直面生活中的挫折

面对挫折，一味地逃避是无济于事的，只有正视它，才能打败挫折。这就需要我们提高抗挫折力和逆境情商。

俗话说："不如意事常八九。"在生活中顺风顺水的事很少，不如意的事情反倒很多。有些人遭遇挫折时，通常会激起否认的心理反应。比如身患绝症的人，往往不愿相信这是事实，总是怀疑医院搞错了，或者怀疑自己拿了别人的检查单。即便已经确认检查结果准确无误，也不肯接受现实。

否认是一种最原始、最简单的心理防卫机制。它以完全否认的态度对待已经发生的令人不快的事情，以此减轻心理上的痛苦。其实，否认就是不接受现实，不正视挫折，是以消极逃避的态度对待挫折。正如卢梭所说："人要是惧怕痛苦，惧怕折磨，惧怕不测的事情，那么他的人生就只剩下'逃避'二字"。

史铁生说："对困境先要对它说'是'，接纳它，然后试着跟它周旋，输了也是赢。"当我们在生活中遇到挫折时，逃避并不能改变客观事实，所以唯一能使我们不被挫折击倒的办法就是主动迎上去，正视它。

要想打败挫折，就不得不提高两方面的能力：抗挫折力和逆境情商。

1. 抗挫折力

在心理学里有个名词叫"抗挫折力"，指的是一个人面对挫折的承受能力。具备这种能力的人，虽然遇到挫折时会产生担忧、悲伤、懊恼等负面情绪，但是这些负面情绪一般在可承受的范围之内，他们很快就可以用坚强的意志、长远的目光、现实的思维来看待面临的挫折与困境。也就是说，一个抗挫折力比较强的人，在面临挫折时，他的情绪波动相对比较小。那么，如何提高抗挫折力呢？

抗挫折力的大小，与人的经历有直接的关系，与人的意志也有很大关系。比如，经受过大挫折的人，对生活中的小挫折的抵抗力就强；从来没有经历过挫折的人，稍有不如意情绪波动就会很大。

2. 逆境情商

近年来，心理学家和教育学家提出了一个"逆境情商"的概念，用以衡量与增强人们在面对逆境和挫折时控制情绪，并把不利局面转化为有利局面的能力。如今，逆境情商已经引起了学术界的广泛重视，在短短的十年间，对逆境情商进行的研究多达一千五百多项。研究结果表明，逆境情商越高，手术后康复得越快。而在工作领域中，逆境情商高的人销售业绩通常是逆境情商低的人的三倍，升职速度也比较快。那么，如何提高逆境情商呢？

控制、归属、延伸和忍耐是决定逆境情商高低的四个关键因素。控制，就是认清自己改变局面的能力；归属，就是承担后果的能力；延伸，就是对问题大小及其对工作生活其他方面影响的评估；忍耐，就是认识到问题的持久性，以及它对你的影响将持续多久。调整好这四个关键因素，就可以提高逆境情商。

为了调整好这四个关键因素，可以对每个问题都进行这样的思考：这个问题会导致什么样的结果？对于这些必然会出现的结果，最有可能改变的有哪些？如何才能避免问题进一步扩大？什么迹象能够表明问题的后果会持续很长时间？想好这些问题，就会减少我们的恐慌，并帮助我们确定轻重缓急。

心理小课堂

20世纪80年代，美国加州斯坦福大学的医学家对65～75岁的老人进行了一项调查，调查结果表明：心力强盛的人比心力交瘁的人平均多活4.8岁。

"心力强盛"主要表现在以下几个方面：

1. 不服老

心力强盛的人为了完成某项事业而活，即使已经年迈，也依然不知疲倦地工作，总觉得自己年富力强。这种良好的心态对生理素质产生了积极的调节作用。由于大脑皮层的兴奋能促使人体免疫功能"年轻化"，使它增强活力，所以人体各个器官的功能都能得到全方位的巩固和提高。

2. 为责任而活

心力强盛的人为了完成某种责任而活，可能是为了后代求学，也可能是为了老伴有依靠，总认为自己应该努力地工作，积攒更多财富。所以，他们做什么工作都不觉得劳累，甚至越累越健康。由于责任心的驱使，他们感到自己的存在具有很大的价值，所以能够顽强地生活。

3. 心理抗争力强

心力强盛的人具有极强的心理抗争力，能以平静的心态对待包括疾病在内的各种人生挫折。此类人病后容易康复。临床研究发现，神经系统可通过去甲肾上腺素、羟色胺和多巴胺等神经递质对免疫器官产生激发和支配作用，从而使抗体增多。

心理测试　你的易怒指数是多少

你知道吗？每个人的易怒指数存在差别。通过下面这个测试，你能测出自己的易怒指数是多少。

测试内容

请认真思考下面列出的二十五种可能让你生气的情景。请如实作答，得出相应的分数，并计算出总分，测出你的易怒指数。

1. 你打开了一件刚买的设备，插上电，却发现它根本就不工作。

2. 你被一名修理人员敲诈、要挟。

3. 只有你一个人的错误被责令改正，而其他人的错误却没有被察觉。

4. 你的车陷入了泥浆里或雪里。

5. 你正在和某人说话，而他却不理你。

6. 有人骗你说他们有某种东西，而事实上他们没有。

7. 你在咖啡店费力地把咖啡端向自己的座位，有人撞了你一下，咖啡溅了出来。

8. 你把衣服挂好了，却被人碰到了地上，而且没有把它捡起来。

9. 从你进店的那一刻起，售货员就一直跟着你。

10. 你已经安排好和某人一起出去，但是最后一刻这人爽约了，把你一个人晾在那里。

11. 被人开玩笑或被人奚落。

12. 看见红灯，你的车子停了下来，后面的家伙却不停地冲你按喇叭。

13. 你在停车场偶然转错了弯儿，你刚钻出汽车，就有人冲你叫道："在哪学的车？"

14. 有人犯了错，却拿这件错事责备你。

15. 你正想集中精力，周围的人却用脚打拍子。

16. 你把某本重要的书或某个重要的工具借给别人，他们却不还给你。

17. 你这一天很忙，但是跟你住在一起的人抱怨说，你原本答应做某件事情，却由于忘记而没有去做。

18. 你希望与自己的同伴或同事讨论某件重要的事情，他却没给你表达感受的机会。

19. 你和某人在讨论，他坚持要讨论他不太了解的话题。

20. 当你和某个人进行讨论时，另外一个人却突然插话进来。

21. 你需要赶快到某个地方去，但是你前面的汽车在40km/h的区域里以25km/h的速度往前开，而且你没法超车。

22. 你踩在一块嚼过的口香糖上。

23. 当你路过时，受到了一群人的嘲笑。

24. 你匆匆忙忙要去某个地方，结果你的一条很好的休闲裤被一个锋利的东西划破了。

25. 你用最后一枚硬币打电话，但是在你拨完之后掉了线，而硬币也没有了。

计分方法

几乎不生气	有点恼火	有些愤怒	相当愤怒	非常愤怒
0	1	2	3	4

结果分析

如果你的总分是0~45分，则说明你不容易发怒。

如果你的总分是46~55分，则说明你比一般人更平静。

如果你的总分是56~75分，则说明你的易怒指数在正常范围。

如果你的总分是76~85分，则说明你比一般人更容易发怒。

如果你的总分是86~100分，则说明你的愤怒经常失去控制。

第六章
"晒情绪"需要注意几个事项

　　每个人都有情绪，这并不是什么大事，不过，我们一定要把情绪控制在合理的范围之内。也就是说，我们要学会用适当的方式表达自己的情绪，既不刻意压制，也不任其泛滥。这样才能使我们的情绪得到纾解，并使其处在一个合理的状态。

不要刻意压制自己的情绪

　　长期刻意压制自己的情绪，不仅会使人的生活质量降低，还会使人丧失工作热情，甚至影响到人际关系。因此，在情绪不失控的前提下，不要刻意压制自己的情绪。

　　人有喜、怒、忧、思、悲、恐、惊七种情绪变化，都是人们正常的情绪变化活动。虽然喜怒不形于色对人对己都有不少好处，但是合理地表达情绪也是必要的，当抒不抒，当泄不泄，只会摧残人的身心健康。比如，如果伤心过度，不发泄出来，或者把天大的委屈都藏在心里，紧闭情绪的大门，表面上装作若无其事的样子，内心却在流泪，必将损害身体健康，加剧心理和生理的失衡。有调查显示，许多癌症病人在发病前都有长期忍耐、压抑情绪的情况。其中乳腺癌患者70%以上都有肝气郁结的表现。

　　女子的寿命普遍比男子长的原因，除了生理、心理等方面的优势外，还有一个十分重要的因素：女子善于啼哭。人在悲伤时掉出的眼泪蛋白质含量非常高，这种蛋白质是由于精神压抑而产生的有害物质，长期积聚在体内对人体健康不利。泪水中还含有两种重要的化学物质，即脑啡肽复合物及催乳素，它们可以把体内积蓄的导致忧郁的化学物质清除掉，从而减轻心理压力。研究表明，哭泣后，情绪的强度会降低40%。

　　缓解情绪的方法有很多，有的人会痛哭一场，有的人会找三五好友诉苦一番，有的人会与朋友一起去逛街，有的人会听一段音乐或做别的事情。

那么，还有哪些方式可以疏导情绪呢？

1. 运动

当你生气的时候，也许运动是一种不错的宣泄方式。因为锻炼可以帮助你平复心情，释放你体内的脑内啡，还可以促使身体产生刺激快乐和幸福情感的化学物质。所以，内心压抑时，不妨尝试一下跑步、散步、游泳、俯卧撑和瑜伽等运动，相信一定能帮助你减轻压力，释放怒气。

2. 小睡一会儿

假如你感觉不堪重负，郁积的情绪再也无法控制，不妨平复心情，小睡一会儿。因为有时候让自己的身体和大脑放松一下是很必要的。只需要15～20分钟的小睡，有时就能有一个清醒的大脑和平静的心境，以更加理性的方式解决问题。

3. 深呼吸

怒火是一种危害很大的消极情绪，既会影响人的精神健康，也会影响人的身体健康。而深呼吸则可以帮助人们镇定神经，舒缓焦虑情绪，清醒神志，所以，无论遇到什么困难，都要学会做几次深呼吸。千万不要把怒火压抑在体内，更不要让它控制你的生活。

4. 将遇到的问题写下来

将遇到的问题写下来是一种健康的泄愤方法。使用这种方法，可以帮助你将烦心事进行分类，从而找到恰当的解决途径。比如，假如你很讨厌自己的老板，却由于各种原因不能辞职，也不能把内心的想法说出来，那么就可以将这些问题写下来，通过这种方式宣泄内心的不满情绪。

5. 与宠物做伴

《英国医学杂志》上刊登过一篇文章，这篇文章介绍说，亲近动物能帮助人们克服抑郁症。为此，有人专门做了一些实验。实验表明，假如一个患有抑郁症的人经常和海豚一起玩耍，那他的抑郁症就会缓解很多。因此，经常与动物亲近可以帮助人们放松和缓解自己的情绪。

不管你是否相信，与宠物做伴都会让你立刻平静下来。当你生气愤怒，不想见到任何人的时候，不妨与宠物一起玩耍。不管你多么伤心，这些小宠物们总能给你带来快乐。尤其是当你用手轻轻地抚摸它们的时候，你将感到无比放松。

心理小课堂

在自然界中，当水库的水位超过警戒线时，水库就要做调节性泄洪，不然就会对水库的安全造成威胁。如果此时非但没有泄洪，还源源不断地往水库中注水，水库就会崩溃。

心理分析大师弗洛伊德曾用水库理论形容人类情绪的处理过程，他觉得任何人的身体里面都有一座情绪水库，所有的负面情绪都被存放在情绪水库之中，假如情绪水位到达所谓的警戒线，个体的脾气就会变得暴躁，不能很好地控制情绪。假如坐视不理，任由其不断恶化下去，就会导致情绪水库崩溃，并且产生心理方面的毛病。所以，要维持心理健康，就不能让自己的情绪水库积累的水量太多，而是要想方设法疏导情绪水库。

表达情绪，必须遵循几项原则

表达情绪时，如果不遵循一定的原则，那么所表达的情绪就会引起他人的反感和排斥；相反，如果遵循一定的原则，那么所表达的情绪就会易于让人接受。

培根曾说："无论你怎样愤怒，都不要做出任何无法挽回的事来。"这说明表达情绪应该有一个原则和底线。表达情绪时毫无原则，不仅无法被对方接受，还会激起对方的坏情绪，最后非但没能转化自己的情绪，反而使事情变得更糟糕。

我们表达情绪是为了向对方传达自己的情绪，得到对方的认同与理解，而不是为了将不满发泄出来。所以，无论用什么方法表达情绪，都要遵循一定的原则，只有这样，才能高效地表达我们的情绪。

那么，表达情绪要遵循哪些原则呢？

1. 承受性原则

每个人的性格不同，心理承受能力自然千差万别，所以我们表达情绪时要因人而异，考虑每一个人的心理承受能力，而不能机械地一视同仁。比如，同样是犯了某个错误，性格内向的人会比较敏感，内心也比较脆弱，一个眼神和一个表情就可以令其改正。而性格外向的人却显得"迟钝"，假如不明确指出他的问题，他也许无法意识到。

2. 就事论事原则

在表达负面情绪时，绝不可以肆意发泄，想到什么就说什么，而是要遵守就事论事原则。因为如果你的情绪表现与当下所发生的事情相匹配，那么就会被大多数人理解和接受，而如果与当下所发生的事情不匹配，那么就不会被大多数人理解和接受。

在遵守这项原则时，需要使表达的情绪与激起你情绪的事件保持一致。比如，假如有人使你当众出丑，激怒了你，你可以严肃、认真地对他说："你这样做很不尊重人，我已经感到生气了，希望你以后不要再这样做了。"需要注意的是，千万不能"翻旧账"，把过去那些与此无关的事件都牵扯进来，否则会使问题变得复杂。

3. 无损原则

所谓无损原则，实际上就是遵守不损害他人，也不损害自己的原则。因为表达情绪主要出于三个目的：其一是引起对方的情感触动，使其体会到我们的心情；其二是希望对方反思自己的行为，避免类似事件再次发生；其三是绝不可以借问题攻击对方，更不能制造出新的问题。

4. 强度相同原则

表达情绪的强度要尽量与引起你情绪的刺激强度相吻合。不能因为鸡毛蒜皮的事而大怒不止，否则会激化矛盾，引起对方的不满。当然，也不能在遇到原则性问题时轻描淡写地一带而过，否则容易使人觉得你好欺负，从而更加轻视你。

5. 向好性原则

表达情绪后，要能够促成问题向好的方面转化。如果表达情绪后只会让事情变得更糟糕，既给自己带来麻烦，又激怒他人，那么还不如不表达情绪。

6. 委婉原则

表达情绪时要做到语言委婉、措辞合理。或许你会有疑问：这怎么可能做得到呢？因为谁都无法在有情绪时只说好听的话。没错，当一个人情绪激动时，的确会出现言辞激烈的现象，甚至会说一些伤人的话。但是，不要忘记，你表达情绪并不是为了伤害对方，也不是为了发泄，而是怀着诚意和对方进行沟通，寻求解决之道。既然如此，就要遵循委婉原则，改掉说话尖锐的毛病。

7. 适度原则

无论做什么事情，都要遵循适度原则。其实，所谓的表达情绪的底线，就是表达情绪时要遵循适度原则。假如你想让他人接受你的情绪、理解你的心情，就不能过度表达自己的情绪，否则必然会激怒对方。一旦把对方激怒了，他也就无法在愤怒的情况下理解你的心情了。

心理小课堂

一般而言，我们可以把情绪的表达分为以下四个层次：

1. 向自己表达

所谓向自己表达，其实就是向自己的意识表达，让自己的意识十分清楚地认识到情绪的状态和来源。这种表达听上去很简单，所以经常被我们忽略。不过，它对我们的健康却至关重要。假如我们对自己的情绪状态了如指掌，也知道它是如何产生的，那么这种情绪就等于已经发泄一半了。

2. 向他人表达

所谓向他人表达，指的是出现了消极情绪时，可以找人聊聊天、诉诉苦。比如，可以找自己的亲人或朋友，把心里话说给他们听听。也可以把自己的情绪说给心理治疗师听听，这样的表达更专业一些。

3. 向环境表达

所谓向环境表达，指的是在心情不好的时候走出去，深入大自然中。可以站在高山之巅感受自然的博大和美好，也可以站在大海边大吼一嗓子，把心事说给大海听。如此一来，你就会觉得那些不顺心的事情其实并没有什么大不了的。

4. 升华的表达

所谓升华的表达，指的是遇到负面情绪时，选择化悲愤为力量，而不是感叹命运的不公。比如，贝多芬创作交响乐，就是一种升华的表达。其实，许多艺术作品都是创作者的一种升华表达，其中蕴含了创作者的情绪变化。我们之所以产生共鸣，就是因为能从中感受创作者的情绪。

选择合理的时机，让情绪"晒晒太阳"

时机不对，努力白费。表达情绪也是如此，只有选对了时机，才有助于问题的解决和情绪的表达，否则一切努力都只是徒劳。

不知你是否遇到过这种情况：你满心委屈地向对方抱怨，对方却不耐烦地摆摆手说："我这正忙着呢，没工夫和你聊这个话题。假如你有什么话想对我说，就等我忙完再说吧！"听了对方的话，你有什么感触？是不是很想反驳说："你怎么这么多事？你就不能听我把话说完？"

实际上，这并不是因为对方事多，而是因为你没有找对时机。表达情绪的合理时机对问题的解决和情绪的转化具有十分重要的意义，时机不对，对方又如何能静下心听你抱怨呢？因此，我们一定要知道什么时候表达情绪才是合理的时机。具体来说，可以在以下几个时机表达情绪：

1. 等彼此都冷静了再表达情绪

与他人产生冲突或摩擦时，彼此都很气愤，此时如果盲目表达自己的情绪，相信说出的话一定会十分尖锐、刻薄，很容易伤害对方。而此时对方的容忍度也是最低的，肯定不会心平气和地倾听，而是会气冲冲地反击。如此一来，必然会激起双方更大的冲突，既不利于问题的解决，也不利于缓解彼此的情绪。所以，不妨等一下，等彼此都冷静了再表达情绪，这样就可以给彼此一个情绪缓冲期，更有助于双方理性地处理问题。

2. 在他人背后表达情绪

生活中有多少人能够做到听了他人的直接批评而不暴跳如雷？大多数情况下，当面表达情绪就意味着一场"暴风雨"即将来临，很容易引发直接冲突，所以我们可以在他人背后表达情绪。

比如，一名销售员趁销售部主管不在时冲进办公室里，拍着销售部主管的桌子说："我要给你提意见！你这个人什么都好，就是喜欢把我们销售员当成孩子一样训斥，丝毫不顾及我们的颜面。你以后不能这样，知道吗？"同事不解地问："主管又不在，你这样发脾气有什么用呢？"销售员嘿嘿一笑，说："对呀，主管不在我才这样发脾气的，如果他在，我还敢吗？"此时，他的怒气已经消了一大半。

像这位销售员那样在背后表达情绪，虽然略显滑稽，但是效果的确很好。

3. 等对方做好心理准备再表达情绪

要等对方做好心理准备再表达情绪，因为只顾表达自己的负面情绪，却不顾他人是否能接受，这样做太自私了。试想一下，如果你是对方，你会认可这种表达情绪的时机吗？比如，你与自己的爱人关系非常糟糕，已经多次闪现离婚的念头，这件事困扰了你很长时间，所以，你想早点谈离婚的问题，结束这种关系。此时，你就要考虑她能否接受你突然提出的离婚请求，能否承受这突如其来的打击。

遇到这种情况，你就要给对方预留一段缓冲时间，让她逐渐意识到你们的婚姻的确已经走不下去了，让她从理智上接受这件事。总之，你不能为了表达自己的情绪而损害对方的利益，完全不顾他人的感受。

4. 等对方时间充裕时再表达情绪

我们都有这样的体会：当一个人忙碌时，根本就没有闲心听别人表达情绪。所以，假如你选在这个时候表达情绪，相信一定会遭到拒绝。既然如此，何不看准时机，等对方时间充裕时再表达呢？

5. 在合适的场合中表达情绪

我们在影视剧中经常见到这样的场景——一人有急事要说，刚准备开口，发现有第三人在场，于是欲言又止，连忙说："请借一步说话。"我们在工作中也会遇到类似的情况，比如你与某个同事发生了点不愉快，你心中很郁闷，想找某个同事聊聊，却发现有第三人在场，此时话就不那么容易说出口了。因此，表达情绪时，选择一个合适的场合很重要。

心理小课堂

马斯洛的层次需求理论告诉大家一个道理：当低层次的需求得到满足后，必然会想到高层次的需求。在追求满足的过程中，如果未能实现愿望，那么不满就会发酵成牢骚。不可否认，人人都有牢骚。得到与付出的失衡、自我价值的实现受阻、人际关系受挫等，都会让人变得牢骚满腹。

那么，如何把握发牢骚的时机呢？下面提供了几种方法：

1. 情急之下不发牢骚

心有不满时，千万不能在情急之下让牢骚脱口而出。因为情急之下说出的话往往带有强烈的个人情绪，很难让别人接受。

2. 不要在办公室内发牢骚

办公室是日常办公的地方，也是一个比较敏感的场合，并不适合用来作为发泄不满情绪的场合。尤其是那些带有主观色彩的牢骚，如果被同事误解就不好了。另外，如果你经常在办公室中发牢骚，就会给人留下无法胜任当前工作的印象，令人对你的工作能力产生怀疑。

3. 他人心情好时再发牢骚

发牢骚时，最好挑选他人心情好的时候，因为当一个人心情好时，其容忍度会明显提高。相反，当一个人心情不好时，其容忍度会明显下降，不仅听不进去你的牢骚，甚至还会给你难堪。

倾诉要选对倾听对象

倾诉可以帮助我们消除不良情绪，但是并不是任何人都可以成为我们的倾诉对象。如果因为倾诉对象泄密而给自己带来更多烦恼，就得不偿失了。

倾诉，就是将自己的喜怒哀乐毫无保留地告诉给对方。这是一种感情的排遣，也是一种心理调节术。人生在世，经常会碰到不如意的事，难免会产生苦闷和烦恼。心理学家研究发现，适当的倾诉有益于身心健康。不过，倾诉一定要选择好倾诉对象，因为只有选对倾诉对象，你才能放心地诉说。假如由于不慎而选择了错误的倾诉对象，很可能就会因为倾诉对象泄密而给自己带来更多麻烦。

在生活中，总有一些人喜欢刺探别人的隐情，把听来的一些事任意删减或夸大，拿别人的隐私作为谈资。如果你分不清人，不慎把他们作为倾诉的对象，就不得不面对他们在人前煽风点火、挑拨离间的局面。

要根据自己的情况选择合适的对象，否则倾诉很可能没有什么效果。那么，怎么选择倾诉对象呢？

1. 向物品倾诉

我们在电影中经常看到这样的情节：剧中的人物把心中的不快对着墙洞说，然后把墙洞堵上。还有一些人喜欢把心中的不快对着装满水的瓶子说，然后再把水倒掉。为什么大家喜欢把物品当作倾诉对象呢？因为向物品倾诉绝对安全，不会出现泄密的情况。其实，如果只是想倾诉，那么向物品倾诉倒不失为一个不错的策略。

2. 向熟悉的朋友倾诉

有了情绪时，我们首先会想到向熟悉的朋友倾诉，因为熟悉的朋友对我们的生活最了解，也许能给我们提供一些具体而有效的建议。另外，由于他们是我们熟悉的朋友，所以一般不会把我们的秘密泄露出去，也就不会给我们带来什么麻烦。

那么，什么人属于熟悉的朋友呢？他们可以是与我们一起工作的同事，可以是与我们一起生活的家人，可以是与我们同窗共读的同学，也可以是与我们一起长大的发小、闺蜜。至于选择向什么样的朋友倾诉，就要根据发生了什么事情而定了。比如，如果是人生路上遇到了困惑，那么可以向经验丰富的父母倾诉；如果是工作中遇到令人心烦的事情，那么可以向同事倾诉；如果是青春路上的迷惑，那么可以向发小、闺蜜倾诉。

3. 向陌生人倾诉

有些事不便让熟悉的人知道，因为害怕熟悉的人知道后会嘲笑我们，此时，向陌生人倾诉也是一个不错的方法。在陌生人面前，我们可以敞开心扉，把心中的烦恼全都说出来，既不用有太多的顾虑，也不用有什么压力，想说什么就说什么。即便陌生人对我们了解的程度不深而不能给出有建设性的建议，我们说出心中的烦恼后也会感到一身轻松。

这里所说的陌生人，可以是从未谋面的网友，可以是电台的节目主持人，可以是萍水相逢的路人，也可以是刚刚认识的朋友。

4. 向心理咨询师倾诉

有些人消极情绪很严重，如果只向物品、朋友、陌生人倾诉，并不会有什么好的效果，因为他们的问题很严重，必须要寻找专业人士才能彻底解决。此时，就要找心理咨询师倾诉。

这些年来，心理咨询师越来越多，而选择向心理咨询师倾诉，请他们给出具体的治疗方案也已经不是什么令人难以接受的事情了。从心理咨询师那里，你可以得到更专业的指点，从而解开心中的郁结，让情绪逐渐好起来。

心理小课堂

一家教育服务中心在北京、上海等十多个省市发布了一份《倾听孩子心声》的调查报告，样本案例20870名。报告显示，在随机抽样的两万多名中小学生中，有70%的中小学生希望向他人倾诉，却不把父母作为首选倾诉对象，30%以上的中小学生找不到合适的倾诉对象。只有26.73%的孩子表示心里话最想对父母说，49.56%的孩子则表示心里话最想对关系好的同学、朋友说，5.61%的孩子表示心里话最想对陌生的网友说，还有13.84%的孩子选择把心里话永远埋藏在心里。

另一项有关倾诉意愿的调查显示，愿意把自己的心里话说给他人听的占90%，但能够找到倾诉对象的只有58.47%，而31.75%的孩子都表示愿意倾诉却找不到可以倾诉的人，所以许多人都只能选择以写日记或自言自语的方式进行倾诉。

在孩子眼中，合适的倾诉对象应该具备什么样的条件呢？调查显示，占据第一位的是"能理解我所有的感受"，高达46.96%；占据第二位的是"能给我提供一些帮助"和"能让我放心地说"，分别占20.05%和17.79%。

表达情绪≠情绪化

有情绪不能刻意压制，而要通过适当的方式表达出来，但是表达情绪绝不等于情绪化。情绪化是以破坏性的方式宣泄出来，表达情绪却是以建设性的方式说出来。

情绪化指的是一个人容易因为一些微不足道的事发生比较明显的情绪波动，还可以理解为人在不理性的情感下所表现出的行为状态。

情绪化的人都有一种特征：他们的言行不是跟着理智走，而是跟着感觉和情绪走。他们非常容易被自己的情绪控制。一旦满足自己需要的刺激出现，他们就会特别高兴；而一旦发现无法满足自己的需要时，又会非常失落。另外，情绪化的人独立思考的能力较弱，心理承受能力也不够强，所以很容易被他人和外界的情况影响，很容易产生情绪。即使一些鸡毛蒜皮的事，也有可能促使他们产生情绪。

在生活中，许多人情绪一旦上来，就不管天，不顾地，任意宣泄，完全进入一种疯魔状态，等到理智回归时，他们又痛骂自己控制不了情绪，后悔得要死。虽然他们明知道这样做不好，但是无论如何也管不住自己。产生情绪后，的确不能刻意控制，否则它迟早会寻找一个出口发泄出来。但是，宣泄情绪可以选择没有破坏性的方式，因为情绪不等于情绪化。

情绪状态分为三种，分别是心境、激情和应激。

1. 心境

心境可以说是一种背景式的主观体验，反映了一个人平静而持久的情绪倾向。心境具有弥散性的特点，是以同一种态度对待所有事物，而不是对某一特定关系的体验。人的世界观、理想和信念决定着心境的基本倾向，心境在这三者之间起着重要的调节作用。不过，心境也具有相对的变化性，在经历重大事件后，经历者对此事件的情绪可能会保持很长一段时间。比如，当一个人失去亲人时，即使他平时很乐观，也会抑郁很长一段时间。

2. 激情

激情是一种时间比较短促的情绪状态，具有强烈性和爆发性的特点，往往是由对个人有重大意义的事件引起的，比如获得成功后变得欣喜若狂，身陷险境时变得异常恐惧等。此时的情绪体验往往比较剧烈，人的理智也会因为受到抑制而出现"意识狭窄"现象。假如此时个人的心境处于消极状态，那么就非常容易引发情绪化行为，进而表现得鲁莽、激动。

3. 应激

所谓应激，指的是人对某种意外的环境刺激做出的适应性反应。往往伴随着一系列的生理反应，比如血压升高、肌肉紧张、心跳加快等。应激情境下的行为反应需要个人能力与之相匹配，否则会因为严重的生理反应而导致适应性疾病。

心理小课堂

情绪化的人让人捉摸不透，让人找不到和他们相处的方式，因此他们身边的人会逐渐远离他们。由于这种情绪化，他们的生活过得很不快乐，同时也会给他人带来困扰。因此，表达情绪时，一定要选择理性的方式，而不是情绪化。

　　我们看那些情绪化的人，当他们宣泄情绪时，往往都冲着自己的至亲至爱发火，却很少冲着自己的老板和同事发火。由此可见，发脾气时也是有理性的，情绪化的人并不是管不住自己，而是不想管住自己。

　　那么，产生情绪后，具体该怎么做呢？

　　1. 理性分析产生情绪的原因

　　产生情绪后，先不要动怒，更不要随便冲人发火，可以先冷静下来仔细想一想：我为何会发怒呢？难道这件事对我的影响非常大？我为什么突然这么激动？这样又有什么用呢？把这几个问题在心里过一遍，等回答完这几个问题，相信你的情绪就会平复很多。

　　2. 转移注意力

　　毫无疑问，转移注意力能在短时间内转换情绪，使人避免在情绪化中越陷越深。所以，你可以结合自己的兴趣爱好，选择些可以让心静下来的事情去做，比如听音乐、绘画、练字、浇花等。等你把注意力转移到这些事情上时，自然不会整天想那些令你不开心的事了，消极情绪也会因此一扫而光。

　　3. 有自己的见解

　　容易情绪化的人应该要有主见一些，对事情要有自己的判断，一旦做出决定就不轻易改变。当你变得有主见时，你的情绪自然不会轻易被外界左右，也就不容易情绪化了。

　　4. 增强心理承受能力

　　要想避免情绪化，就要增强心理承受能力。心理承受能力强的人，不会因为被他人指出缺点而真的以为自己满身都是缺点，更不会因此而自卑、伤心。遇到不顺心的事，心理承受能力强的人能很快走出来，不至于因此产生挫败感、失落感等负面情绪。

5. 进行自我暗示

自我暗示就是依靠语言、思想来刺激自己，从而影响自己的情绪和意志。而自信心的建立需要自我暗示，需要自我激励。

比如，当我们遇到令自己恐惧的事情时，可以这样自我暗示："不用害怕，没什么大不了的，这点事有什么可怕的？"当遇到挫折时，可以这样自我暗示："一切挫折都会过去的，只要我坚持一下，就能打败挫折，战胜自己。"假如我们经常像这样进行积极的自我暗示，相信负面情绪很快就会消失不见。

抛弃不当的表达方式

表达情绪要讲究方法，适当的表达方法会有良好的效果，而不当的表达方法则会有相反的效果。只有知道了哪些方法是不当的，你的情绪才能得到真正的释放。

有些人错误地以为表达情绪就是一味地指责别人，因此他们采用的表达方式是不分缘由地指责他人，像一个刺猬一样以攻击他人的方式发泄自己的情绪，结果反而激发了对方的防御机制，使对方充满负面情绪。

所以，适当表达情绪是一门艺术，只有知道了哪些方式是不对的，抛弃这些不当的表达情绪的方式，才能真正释放自己的情绪。

1. 表达情绪不要用摔东西的方式

许多夫妻吵架吵得厉害时，总喜欢用摔东西的方式表达自己的不满情绪，经常随手抓起盘子、碗筷、手机到处乱摔。这种表达情绪的方式负面效果很大，既要承担由此造成的经济损失，又会给对方留下心理阴影。假如不慎摔坏了贵重物品，事后肯定会引发更大的矛盾，甚至会导致无法收拾的局面。

2. 表达情绪不可使用语言暴力

有些人气上心头便不顾及说出的话是否会伤害别人，在表达不满情绪时习惯使用语言暴力，比如"又不是什么难事，这都干不了，真是个窝囊废""你活着浪费空气，死了浪费土地，真不知道你存在的价值是什么"等。"恶语伤人六月寒"，这些话带有歧视性，践踏了对方的尊严，像刀子一样插进对方的心，必然会导致对方用更狠毒的话来反击。

3. 表达情绪不要口是心非

有些人表达抱怨情绪时喜欢口是心非，比如："没错，你说得很对，都是我的错，谁让我没事瞎操心呢，你几点回家关我什么事？"这些人明明心里很难受，需要得到对方的安慰，却装作无所谓的样子，隐藏自己的真实感受。他们这样做的目的是避免自己受伤害，可是这样做真的能避免自己受伤害吗？其实不然，因为并非所有人都具有很高的悟性，懂得这是口是心非，有些人会按照字面意思来理解，因而听不出其中的真实情绪。

4. 表达情绪不要使用冷暴力

所谓冷暴力，指的是用沉默的方式表达自己的不满。其特征是长时间沉默不言，既不与对方争吵，也不与对方交流，只在心里怄气。他们似乎在说："你这个人不可理喻，我懒得搭理你，你爱怎么着就怎么着，我就是不和你说一句话。"

相比语言暴力，冷暴力的威力可谓有过之而无不及，因为漠视对方、拒绝交流比语言暴力更伤人心。另外，用冷暴力来表达情绪的人心里面也不会好受，因为使用冷暴力就不得不把坏情绪憋在心里，无法释放或转换自己的情绪。

5. 表达情绪不要喋喋不休地诉说

心中产生情绪时，就会觉得堵得慌，所以恨不得在最短的时间内全部"倾倒"出来。此时，很容易通过喋喋不休地抱怨的方式来表达心中的不满和委屈。比如不停地抱怨说"今天烦死了""唉，明天该怎么办呀""你帮我想个办法吧，我真的无能为力了"等。

这种表达情绪的方式只图自己一时痛快，却完全不顾及他人的感受，不给他人任何说话的机会，怎么可能不引起对方的反感呢？没有谁希望自己沦为别人的发泄对象，也没有谁希望自己沦为别人的情绪垃圾桶，所以，让对方有表达的机会是对对方最起码的尊重。

6. 表达情绪不要夸大其词

有些人表达情绪时喜欢夸大其词，经常因为一点小事就发脾气，发起脾气来还没完没了，直到把事情闹大才肯罢休。比如，一些恋爱中的女孩经常不分缘由地指责男友，就算男友辩解，她也不听解释，而是责怪说："你就知道狡辩，我看你一点都不在乎我，也没考虑过我的感受，你心里根本就没有我。"

表达情绪时夸大其词，只会给对方留下不好的印象，不仅无法让你的坏情绪得到转化，还会影响你和他人的感情。

心理小课堂

适当的情绪表达应该包含以下几个要素：

1. 运用精确的形容词

表达情绪时，要使用精确的形容词。比如，不要说"我感觉非常糟糕"，因为这种形容词不够精确。可以说"我很生气""我有些失望"，因为这种形容词比"非常糟糕"精确得多。

2. 说明情绪产生的缘由

表达情绪时，要明确说明为什么会产生这种情绪，让对方充分了解情绪的来源。比如，可以说，"我发现你跟别人说了一些关于我的话，但是这些都是谣言，所以我很生气"。如此一来，接下来的沟通就变得简单多了。

3. 别让对方为你的情绪负责

表达情绪时，不要说"你让我生气了"之类的话，因为这么说是把对方当成了情绪问题的症结，给人一种你在推卸责任的感觉，很容易激起对方的反感或压力，甚至引发冲突。

4. 不做评论式的人身攻击

表达情绪时，不要做评论式的人身攻击，比如，不要说"你恶意中伤我""你就是在针对我"之类的话。可以说一些较为中性的话，比如，可以说"你这样说我不太好吧"之类的话。如此一来，既可以清楚地表达自己的情绪，又可以避免激怒对方。

心理测试　测测你的抑郁指数

抑郁会使人情绪低落、思维迟缓、言语动作减少，对生活和工作有很大的危害，给家庭和社会带来沉重的负担。就让我们测一测自己的抑郁指数吧！

测试内容

在过去的几天内，以下各种情绪对你的困扰程度如何？请如实作答，并计算出总分。

1. 悲伤：你觉得悲伤或泄气吗？

2. 沮丧感：你觉得前途渺茫吗？

3. 自我评价低：你觉得自己毫无价值吗？

4. 自卑感：你觉得不自信或低人一等吗？

5. 内疚感：你经常对自己太苛刻或经常自责吗？

6. 犹豫不决：你很难做决定吗？

7. 易激惹：你容易生气或怨恨他人吗？

8. 兴趣缺乏：你对工作、爱好、家庭或朋友不感兴趣吗？

9. 动机缺乏：你做事有勉为其难的感觉吗？

10. 自我感觉差：你觉得自己变老了或缺乏魅力了吗？

11. 食欲改变：你是否食欲减退或暴饮暴食？

12. 睡眠紊乱：你是否睡眠质量差或睡眠过多且感到疲惫？

13. 性欲减退：你是否对性不感兴趣？

14. 关注健康：你过分担心自己的健康吗?

15. 自杀冲动：你觉得活着没有意义或生不如死吗?

（计分方法）

无	轻度	中度	重度
0	1	2	3

（结果分析）

如果总分数是0~4分，则说明你没有抑郁或有轻微抑郁。

如果总分数是5~10分，则说明你正常但不快乐。

如果总分数是11~20分，则说明你接近中等抑郁。

如果总分数是21~30分，则说明你中等抑郁。

如果总分数是31~45分，则说明你严重抑郁。

第七章
"踢走"消极情绪的七种方法

消极情绪具有惊人的破坏力，会严重影响我们的身心健康。如果有了消极情绪，却不知道该怎样疏导和缓解，不懂得及时转化，就会让消极情绪泛滥成灾。其实，疏导消极情绪的方法有很多，每种方法都有一定的效果，可以帮助我们"踢走"消极情绪。

ACT疗法：接受与实现

当我们试图赶走痛苦时，反而会把它变成一种折磨我们的力量。认知疗法不让人有消极的心理，但可能会让人们更消极。而ACT做的，是削弱消极心理的力量。

ACT疗法是接受与实现疗法的简称，由美国心理学家斯蒂文·海耶斯首创。这种疗法主张拥抱痛苦，接受"幸福不是人生的常态""人总会遭受痛苦"的事实。另外，这种疗法还指出，当一个人竭尽全力地想控制自己的思维的时候，就很难去考虑生命中真正的大事，反复地关注伤口，妄图治愈伤口，最后反而让人更难从痛苦的泥潭中走出来。所以，千万不要与消极情绪做斗争，更不能回避痛苦，躲避伤害，而要将其作为生活中必不可少的一部分来接受，然后再建立和实现自己的价值观。

ACT疗法是一种不同于认知疗法的新理论。认知疗法强调要迎头痛击消沉思想，并最终改变它，而ACT疗法则强调要乐于接受消极情绪。为了说明它们之间的不同，我们可以看下面的例子。

有时，你也许会有这样的想法，"每次上班我就会忙得团团转""人人都会注意到我的大肚腩"或"要想有勇气出席这样的会议，必须得喝两杯壮壮胆"。对于这种心态，认知疗法会这样引导你：你是上班时间里一直都忙得团团转，还是像大多数人一样忙一阵闲一阵呢？是每个人都会注意到你的肚子，还是你多想了？

但是，ACT疗法注重研究的却是寻求改变人们思考和感觉的方式，如此一来，患者就不会被心理学家牵着鼻子走了。比如，还是关于"大肚腩问题"，ACT疗法不会肯定或否定你的想法，而是这样引导你：你觉得人们总是看你的大肚腩？也许是这样的，你的肚子的确比较大，可是，也许根本没人在意你肚子的大小。

又比如，当你看到"日落"这个词时，或许你脑海中会突然浮现出一个美丽的夕阳，但同时又感到悲伤，因为你想起了某位亲人去世时出现了美丽的夕阳。这形象地说明了人的思维是不可靠的。海耶斯由此得出结论：人的思维有着不可预料的后果。传统的认知疗法要求病人修正那些负面的想法，而ACT疗法试图化解这些想法的力量。它不会让人说"我非常抑郁"，而是建议他们说"我有一个想法，这个想法就是我现在非常抑郁"。

以上都在告诉大家要接受自己的消极心理，但是接受自己的消极心理只是第一步，而ACT还有第二部分内容——找到实现个人生存的更高价值。

许多人的生活单调、郁闷，或者由于忙于生计而无法意识到自己的价值。而ACT疗法建议你通过某些方法找回自信，比如写墓志铭。除此之外，他们还会让你自己定义什么是好家长，什么是好员工，让你明白人生中有什么事情是一定要完成的，比如怎样度过周末、怎么寻找自己的信念等。这样做的目的并不是用各种各样的活动填满你的日程表，而是让你意识到自己所追求事物的目的。比如，你喜欢钓鱼，那是因为钓鱼时你可以和家人共度美好时光，可以置身大自然，或者享受独处的惬意。

心理小课堂

ACT疗法在实际应用中表现出了广泛的实用性。比如，它帮助人们成功戒掉毒瘾。ACT疗法鼓励瘾君子正视并接受他们需要毒品的事实，并告诉他们一旦戒除后将给他们的身心带来很大的影响，然后引导他们了解到，人不应该只从毒品上获得安慰和满足，还应该有其他追求。研究发现，经过12步的治疗后，瘾君子对毒品的依赖性会明显减少。

2004年，南非有27名癫痫症患者接受了9个小时的ACT治疗后，癫痫发作的频率明显比那些接受普通安慰剂治疗的患者要低。

由于ACT疗法在实际应用中成绩不俗，所以它已经被誉为"继行为疗法、认知疗法之后的第三种心理疗法"。到目前为止，美国人接受ACT疗法培训的心理专业人士已经超过1.2万名，并且海耶斯理论的追随者已经分布于18个国家。

暴露疗法：与恐惧面对面较量

●恐惧是人类原始的消极情绪之一，也是我们心中的魔鬼。要战胜它，不能一味逃避，而要与它面对面较量。

所谓暴露疗法，就是鼓励陷入恐惧的人暴露在引起恐惧的刺激之下，直到习惯这种治疗方法为止。

英国哲学家罗素说："不敢正视现实，在恐惧袭来时试图想别的东西，分散自己的注意力，这是对付恐惧的错误方法，反而可能加剧恐惧。"心理学家也持有同样的观点，他们认为，正是回避思维和回避行为加强了恐惧。所以，无论是对付哪种形式的恐惧，最正确的方法都是理智、勇敢地面对它。

研究发现，某一事物或情境在一个人身上所引起的恐惧体验会激发他产生逃避行为，而无论此事物或情境是否真的构成了对他的威胁，这种逃避行为都会导致他的恐惧体验增强，从而起到一定的负性强化作用，最后反而会增强其逃避行为。所以，专家们认为，与其逃避，不如与恐惧面对面较量，直接接受恐惧的刺激。

恐惧症是由敏感化作用造成的，它是你对某个特殊的刺激变得十分敏感的过程，从本质上说是你把你的恐惧和某个特定情景联系起来的过程。比如，如果你在饭店受到过惊吓，那你就会把当时所处的环境和恐惧联系起来，尽管实际上这个情景和你的恐惧之间并没有必然的因果关系，但是当你错误地建立起这两者的联系后，以后再遇到那种环境时，你的恐惧就会被引发出来。由于这个联系过程是自动发生的，所以它不受你的意识控制。

不过，暴露疗法可以打破恐惧和特定环境之间的联系。治疗开始后，可以让接受治疗者进入最使他恐惧的情境中。通常会采用想象的方式，鼓励接受治疗者想象最使他恐惧的场面，由心理医生在旁边一遍遍地讲述他最害怕的情景中的细节，或者用录像、幻灯放映最使他恐惧的情景，以加深他的焦虑程度，同时不允许他采取堵耳朵、闭眼睛、哭喊等逃避措施。受到反复的恐惧刺激后，他就会因为紧张而出现心跳加剧、呼吸困难、面色发白、四肢发冷等反应。不过，接受治疗者最担心的可怕灾难并没有发生，恐惧感自然也就消退了。

在现实生活中，暴露疗法常用来治疗广场恐惧症、社交恐惧症和其他许多特定恐惧症。假如患者对某个地方产生了恐惧心理，比如不敢进入车站或飞机场，不敢在高速路或大桥上开车行驶，不敢乘公交车、火车、飞机，不敢坐在高处，不敢独自留在房间里，那么这种暴露疗法都会有不错的效果。

除此之外，这种将患者直接暴露于恐怖场景的方法还可以用于治疗社交恐惧症，比如不敢在公共场合发言、不敢当众做报告、不敢出席社交集会等。总之，对于各种类型的恐惧症，都能用暴露疗法加以治疗。

心理小课堂

在现实生活中，我们使用暴露疗法时，要注意以下几点事项：

1. 考虑身心状况

使用暴露疗法治疗恐惧时，一定要考虑自己的身心状况，根据自己的接受能力选择是否接受治疗以及治疗的强度。所以，你一定要对自己的身心状况有深入的了解，否则不仅会影响疗效，还有可能发生意外。比如，如果有明显的心脏和肺部疾病要严禁使用暴露疗法，因为使用暴露疗法时激发的恐惧反应很可能加重心脏疾病。

2. 做好充分的准备

使用暴露疗法治疗前，要做好充分的准备，了解治疗过程和治疗知识。这样可以保证在治疗过程中一旦出现想逃走、心跳加速、气急、颤抖、头昏、出冷汗等现象时，可以采用事先准备好的应对措施及时应对。比如，可以提前熟悉各项应对方案，想象最坏的结果是什么，或者提前通过想象的方式进入恐惧情景中。

3. 循序渐进

对于那些令人恐怖的场景，你很可能已经逃避很多年，如今却让你直接面对它们，这一点很多人都接受不了。所以，我们可以首先把这个任务分解成许多个小步骤，然后采用各个击破的办法来逐步实现。也就是说，你不需要在刚开始时就完全面对那个最让你恐惧的场景，可以先从那些细微的地方入手，循序渐进地达到你的最终目的。

音乐疗法：在音乐中恢复平静

当你觉得烦躁、忧伤、寂寞的时候，音乐可以给你精神上的慰藉。如今，许多人把音乐像中草药一样组成各种配方，治疗各种心理疾病。

音乐疗法是以心理治疗的理论和方法为基础，以音乐治疗为主，医学治疗为辅的一种治疗方法。它主要通过音乐的形式产生治疗效果，以音乐的节奏、旋律、声调、和声、拍子、强弱等影响人的情绪。

一些心理学家认为贝多芬的音乐能使愁苦者快乐，胆怯者勇敢，轻浮者庄重。而古希腊著名的哲学家亚里士多德最推崇C调，觉得它最适宜陶冶青年人的情操。他们都认为音乐可以直接影响人的情绪和行为。

一项调查显示，在音乐欣赏课上播放不同风格的音乐，然后让听到音乐的学生描述自己的体验。不管学生是否有一定的音乐基础，90%以上的学生都会有类似的反应：当听到旋律优美的曲子时，就会感到心情愉快、情绪安定；当听到激昂的进行曲时，就会感到斗志昂扬、热情奔放；当听到悲壮的哀乐时，就会感到悲伤、难过。

美好的音乐可以增强大脑皮层的兴奋性，也可以改善人们的情绪，激发人们的感情，使人们感到精神振奋。同时有助于消除各种因素造成的紧张、焦虑、忧郁、恐惧等不良心理状态，提升应激能力。

1. 选择与情绪相吻合的音乐

一般人认为，假如情绪低落，就应该听听节奏欢快的音乐，那样才能使心情好起来。可是，研究表明，这种观点是完全错误的，实际上这样做只会使情绪变得更加抑郁。恰当的做法是选择与当时的心情相吻合的音乐。比如，忧郁的病人应该听忧郁的乐曲，比如可以听一些带有悲痛感的圆舞曲。当病人的心灵接受了这些乐曲的洗礼后，心中的忧郁就会在不知不觉间消失不见。

为了验证这一点，专家们对14名因为刚刚失恋而心情低落的年轻人进行了实验，播放了几首旋律轻快的轻音乐让他们欣赏，结果他们全都陷入了更深的痛苦之中。接着，专家们改变策略，播放了几首凄凉的乐曲让他们听，结果他们反而像找到了知音一样，在这14人中，有12人的负面情绪都奇迹般地得以减轻。最后，专家们对这14名年轻人进行了访谈，发现大多数人认为听与当时心情相吻合的音乐更能够调节心情、宣泄情绪，而在情绪低落时听节奏欢快的音乐则会起到相反的作用。

2. 根据性情选择音乐

选择什么风格的音乐，还要根据人的不同性情，因为只有选择的音乐合适，才能取得很好的疗效，而性情不同，与之相吻合的音乐也不同。比如，性情急躁的人，就应该欣赏一下节奏慢、让人思考的乐曲，如一些古典交响乐曲中的慢板部分，这样就能调整心绪，克服急躁情绪。自卑、悲观、消极的人，就应该欣赏一些粗犷、令人振奋的音乐，因为这些乐曲中充满了坚定，能够振奋精神，使人重拾自信。

总之，音乐疗法不能等同于普通的音乐欣赏，既需要选择与情绪相吻合的音乐，又需要根据不同的性情选择不同的音乐。在特定的环境气氛和特定的乐曲旋律中，人们可以进行自我调节，从而达到治疗的目的。

心理小课堂

在生活中的很多时刻，我们都可以通过音乐来给自己减压，帮助自己摆脱糟糕的情绪。

1. 清晨起床

清晨起床时，想起忙碌的一天就要开始了，许多人都会闷闷不乐，甚至感到非常厌烦，没有任何起床的动力。此时，为了消除厌烦情绪，不妨播放几首音乐，从音乐中寻找正能量。你可以边听音乐边起床、洗漱、吃早餐，开始愉快的一天，用积极的心态和百倍的精神投入一天的工作和生活中。

2. 上下班的途中

在上下班的途中，往往觉得时间很漫长，尤其是遇到交通堵塞的时候，更是令人心烦意乱、内心焦躁，此时，不妨听几首美好的音乐，相信一定能让你的烦躁情绪变得平和，一扫因为堵车而产生的坏情绪。

3. 做饭和做家务的时候

相信很多人都有这样的体验：上了一天班，又累又饿地回到家，也就没有精力去烹饪和做家务了。长期吃外卖，既没有家的味道，对健康也不利。经常不收拾，家里就会乱糟糟的，长时间待在这样的环境中，既影响身体健康，又不利于保持美好的心情。所以，当你不情愿做饭、做家务时，不妨用你喜欢的音乐陪伴，以这种方式消除烦躁的情绪，找到一种放松的感觉，做饭、做家务时的心情也会变得完全不同。

4. 睡觉之前

要想保持身心健康，充分的休息是必要的，所以我们要有好的睡眠。可是，当躺在床上辗转反侧时，就会心烦意乱，此时，不妨听一会儿音乐，相信困扰你的各种睡眠问题都将不复存在。

听几首优美、舒缓的音乐，可以使你精神愉悦、浑身轻松，从而起到镇静、催眠等作用。不过，戴耳机听音乐时要注意，一定不能把声音调得太大，也不能长时间地听，否则会对听力造成损害，对健康造成危害。

半饥半饱法：正确对待压力

压力太大会摧垮一个人，压力太小会让人变得安逸，只有适当的压力才能使人保持警醒。因此，对待压力时，我们要采用半饥半饱法，这才是正确的方式。

要想搞清楚什么是半饥半饱法，首先要看一个案例：

人们把一只黑猩猩关进笼子里，然后在笼子外面放上黑猩猩喜欢吃的食物，并使这些食物和黑猩猩保持一定的距离。与此同时，又在黑猩猩的旁边放一根棍子，它可以帮助黑猩猩拿到食物。做好这些准备工作后，再分别观察黑猩猩在吃饱、饥饿难耐、半饥半饱的情况下的取食行为。

黑猩猩吃饱后，就会对笼子外的食物视若无睹，那根用来取食的棍子不过是一根好玩的玩具。而当它饥饿难耐时，也会对旁边的棍子视若无睹，只会用力挥舞前肢去抓无法触及的食物。一旦发现努力白费，它就会愤怒地捶着笼子，大声叫，急得团团转，最终坐在笼子里大喘气。只有在半饥半饱的状态下，黑猩猩才会用身边的棍子取食物，并美美地饱餐一顿。

由此可见，当黑猩猩饥饿难耐时，会因为取食欲望过强而丧失理性；当黑猩猩吃饱时，就没有取食的欲望；只有当黑猩猩处在半饥半饱的状态时，它才能理性思考，利用身边的工具取食。

同样道理，当一个人的压力过大或压力过小时，也很容易出现各种问题。压力过小容易使人觉得工作缺乏挑战，导致工作效率不高，精神也会变得松懈；而压力过大则很容易超过人的心理最大承受力，反而成为阻力。压力一定要适中，因为人只有在压力适中时才能保持最好的状态。

1. 压力过大

压力过大容易使人变得郁郁寡欢、焦虑、痛苦、悲观、抑郁，对生活失去热情，自制力下降，经常会突然发怒、流泪或大笑，使原本好静的人变得情绪激动，原本随和的人变得暴躁易怒，原本好动的人变得懒散。另外，压力过大还会增加人与人之间的矛盾，使人变得冷漠。

压力过大容易使人疲惫，甚至出现"超限状态"。可以这么说，过大的压力在生活中往往扮演着"无形杀手"的角色，对人的事业、家庭、人际关系和情感会造成毁灭性的打击，极大地危害一个人的身心健康。

2. 压力过小

既然压力过大会使人容易出现"超限状态"，那是不是说明压力越小越好呢？当然不是！如今，由于缺乏压力和挑战，许多人的激情都已经消失不见了，渐渐产生了"破罐子破摔"的想法。如果任由其发展下去，将会损害人们对生活的热情，影响积极、乐观的生活态度。

职场"橡皮人"就是这样产生的，由于没有压力、缺乏挑战，他们变得懒散、不思进取，过着"当一天和尚撞一天钟"的生活。舒适的日子很容易滋长人的惰性，让人变得安逸。慢慢地，人们将无法离开这种安逸的生活。

3. 压力适中

心理学家叶克斯认为，压力和动力之间普遍存在着一种倒U形的关系，只有把压力调整到最优点，它才能产生积极的效果。假如给人施加的压力过小，就不能充分发挥他所具有的潜力；假如给人施加的压力过大，就会让他产生恐惧、愤怒、焦虑等消极情绪。

那么，如何把握压力的尺度呢？应该是当压力加诸我们身上后，我们既有一定的紧张感和压迫感，又不会被压力压垮。

心理小课堂

适度的压力有利于人的身心健康，但是如果到达个人能够承受的极限，就必须及时缓解。那么，如何缓解压力，保持心理健康呢？

1. 切断压力源头

这种方式没有一定的标准，很难找到一种适合所有人的模式，必须要根据个人情况而定。

比如创业，有些人心理承受能力强，对他们来说，创业带来的压力就是可控的。而有些人心理承受能力弱，承受不起创业带来的压力，所以应该尽量避免创业，从根本上切断压力。

2. 寻求帮助

当心理压力过大时，可以适当地向家人、朋友、心理医生寻求帮助，而不要一个人硬撑着。每个人都有软弱的时候，都会遇到扛不动的事情，所以当我们压力过大时，可以通过外部有益的支持来缓解紧张，消除不良情绪带来的负面影响。

3. 适当运动

当一个人因为压力过大而产生消极情绪时，苦思冥想、愁眉不展、唉声叹气不仅无助于问题的解决，还会加重负面情绪。与其如此，不如到室外散散步、跑一圈、打打球，这些运动都有助于释放心理压力，调整情绪。

4. 主动采取行动

假如一个人的压力是客观存在的，那么采取回避的方式就不能从根本上解决问题。所以，一定要采取行动，变被动为主动，这样才能改变压力过大的现状。比如，如果觉得自己的压力过大源于无法与人正常沟通，并且主要是缺乏沟通技巧造成的，就要尽量提高沟通技巧。

色彩法：情绪跟随色彩发生变化

人的情绪与色彩有着某种联系，我们情绪的起伏变化，往往会受颜色的影响。所以，利用色彩法也可以调节人的情绪。

英国伦敦的菲里埃大桥的桥身过去是黑色的，经常有人从桥上跳水自杀。后来桥身被涂成了天蓝色，自杀的人明显减少了。研究发现，黑色显得阴沉，会加重人的痛苦和绝望的心情，所以把心情郁闷的人往死亡之路上推了一步。而天蓝色会使人心情愉快、充满希望，所以某种程度上让想不开的人重新燃起生命之火。

色彩对人的情绪为何会有这么大的影响？

心理学家认为，人的情绪之所以受到色彩的影响，是因为颜色源于大自然的先天的色彩，比如蓝色的天空、鲜红的血液、金色的太阳……看到这些与大自然先天的色彩一样的颜色，会不由自主地联想到与这些自然物相关的感觉体验。不同地域、不同民族、不同性格的人对某些颜色具有同样的感觉体验，也许正是这个原因。

那么，不同的色彩，对情绪分别有哪些影响呢？

1. 绿色

在自然界中，绿色代表着草原和森林的颜色，是生命的色彩，给人生机蓬勃之感，有年轻、新鲜之意。绿色让人感觉温柔、亲切、舒适、稳重、清凉，具有镇静神经、缓解眼疲劳等作用，对消极情绪有一定的舒缓作用。绿色环境能使皮肤温度下降2℃左右，使心跳减少4~8次/分，使呼吸均匀。经常观察绿色，容易使人保持平和的心理状态，所以手术室和重症监护室的墙壁与医护人员制服多为浅绿色，以减轻危重病人的恐惧心理。

2. 蓝色

蓝色是大海与天空的颜色，是一种令人产生遐想的色彩，给人以安稳、平和、恬静、高远的感觉。此外，它也是比较严肃的色彩。蓝色具有调节神经、镇静安神的作用。比如，蓝色的灯光在治疗失眠、降低血压方面效果显著。经常观察蓝色，容易使人变得性情爽快、趣味高尚、物欲下降。

3. 黄色

由于黄色是光谱中最易被吸收的颜色，所以它给人一种明快而自由的感觉。它是一种象征健康的颜色，具有稳定情绪的作用。有些工厂把厂房的墙壁涂成黄色，就是利用了黄色的这一特性，从而消除或减轻单调的手工劳动给工人带来的苦闷情绪。经常观察黄色，可以让人变得心情舒畅、乐观开朗，富有幽默感。

4. 红色

红色是一种比较具有刺激性的颜色，往往给人一种燃烧的感觉，令人感到积极、奔放、热情。偶尔观察红色，可以让人变得积极主动、精力旺盛。不过，不能经常观察红色，否则也会使人变得容易急躁发怒、心神不定、不耐烦、焦虑。

5. 紫色

紫色可以平衡内心，放松灵魂。所以有些人为了稳定孕妇的情绪，防止孕妇得产前抑郁症，经常为孕妇选择紫色的服装。

6. 粉红色

粉红色象征健康，是美国人常用的颜色，也是女性最喜欢的色彩，它具有放松心情和安抚情绪的作用。在美国西雅图的海军禁闭所、加利福尼亚州圣贝纳迪诺市青年之家、洛杉矶退伍军人医院的精神病房、南布朗克斯收容好动症儿童学校等处，都在一定程度上运用了粉红色，以达到安定情绪的目的。比如，把一个狂躁的病人或罪犯单独关在一间墙壁为粉红色的房间内，那么被关者就能迅速安静下来。

心理小课堂

如果感觉到紧张、压力大、疲惫，可以多观察蓝色和绿色。尤其是在工作了一天后感觉身心疲惫、压力重重、精神紧张的情况下，适当接触一下蓝色和绿色有调节神经、镇静安神、解除疲劳的作用。不过，也要注意适度，否则长时间在绿色的环境中很可能使人觉得冷清。由于红色令人激动、兴奋，不利于情绪的放松，所以应该忌观察红色。

如果感觉到悲观、抑郁、失落，可以多观察红色、黄色、橙色和粉红色，因为这些都属于暖色调，可使人心情舒畅，产生兴奋感。许多娱乐场所使用粉红色和橙色，使房间显得活泼、热烈，可帮助人们缓解和释放内心的郁闷。一般认为，心情郁闷时，尤其是患有抑郁症的人应忌接触蓝色，否则会加重病情。而患有孤独症者或精神忧郁者不宜在白色环境中久住。

如果感觉心烦、多疑、想发火、情绪不稳定，可以多观察粉色、浅蓝和浅黄色，因为这些颜色都比较鲜艳，能强烈地激起奔放的情绪，而白色、黑色等暗淡的颜色则对情绪起镇静和压抑的作用。一般来说，白色具有清热、镇静、安定的效果；对激动、烦躁、失眠的人来说，黑色有恢复安定的作用；白色和粉红色都能对易动怒的人起调节作用；粉红色和浅蓝色都能使人的肾上腺激素分泌减少，从而使情绪趋于稳定。

艺术疗法：用艺术净化情绪

以言语交流的方式"踢走"消极情绪效果并不好，因为言语交流只在矫正非理性认知与思维上有一定的效果，在处理以情绪困扰为主要症状的心理问题时就显得无能为力了。而采用艺术疗法，则可以达到舒缓情绪的目的。

这几年以来，艺术疗法已经发展成为心理治疗的一种。它是以欣赏艺术作品、进行艺术创造作为治疗手段。通过艺术形式来表达个人的情绪，把意念转化为具体的形象，从而完善人格。这种方式能够提高人们对事物的洞察力，起到净化情绪的效果。

具体可以通过以下几种艺术形式来缓解自己的情绪：

1. 书法

练习书法可以调节人的情绪，丰富人的精神生活，使人心情舒畅。为什么会这样呢？因为练习书法时必须要做到气定神闲，眼、手腕、心等都要密切配合。除此之外，练习书法还必须专注。假如心情烦闷，可以通过练习书法来使自己忘记忧愁。

2. 唱歌

我们都有过这样的经历：心情不好时，去KTV里吼几嗓子，即使唱得很难听，心中积压的郁闷也会一扫而光。唱歌时，我们可以体会到一种乐趣，将自己内心的感情通过歌声表达出来。比如，失恋时，许多年轻人都喜欢唱一些和分手有关的歌；职场不得志时，许多人都喜欢唱一些抒发豪情壮志的歌。总之，情绪低落时，不妨到KTV里唱几首歌曲，赶跑自己的低落情绪。

3. 弹奏乐器

音乐是人生中不可或缺的一部分，一段美妙的音乐足以赶走一个人的坏情绪。所以，可以通过弹钢琴、弹古筝、吹笛子、拉小提琴等方式来释放自己的情绪。当优美的旋律在空中流淌的时候，心中的坏情绪也会被这旋律带走。

4. 创作艺术作品

创作艺术作品形式多样，比如，雕刻塑像、捏泥人、制作陶艺等。当你把所有精力都投入艺术作品的创作中时，就会在不知不觉中忘记烦恼。另外，当你顺利制作好一件作品后，还能从中体会到创作的乐趣，如此一来，坏情绪就会烟消云散。

5. 绘画治疗

所谓绘画疗法，指的是让绘画者通过绘画的方式将心中压抑的情感与冲突呈现出来，并且在绘画的过程中获得释放和满足。它属于心理治疗的方法之一，具有很好的治疗效果。

情绪低落时，你不妨画一幅画，可以随便联想，随心所欲地画，将你的情绪通过这种方式表达出来。不需要去管你画的是什么，也不需要去管有没有人能看得懂你画的画，你甚至可以随手把画好的画扔掉或撕掉，即便如此，你的坏情绪一样可以得到排解。

6. 心理剧治疗

心理剧已经有八十年的发展历史，现在已经成为一种重要的心理治疗方法。它是通过特殊的戏剧形式，让情绪低落者扮演某种角色，以某种心理冲突情境下的自我表演为主，逐渐将心理冲突和情绪问题呈现在舞台上，以此方式宣泄情绪、消除内心压力。

以上艺术形式都可以用来净化自己的情绪，具体使用哪一种形式，就要根据自己的实际情况而定了。把多余的精力投入这些艺术形式中，也就没有多余的时间去想那些令我们烦恼的事情了。一旦我们的艺术欣赏能力得到了提高，灵魂得到了升华，就不用再为那些鸡毛蒜皮的事烦恼了，自身的情绪也就可以得到控制或疏导。

心理小课堂

心理学中有许多艺术治疗手段，比如绘画、音乐、编织、练习书法及沙盘游戏、舞动治疗等，都有助于患者缓解不良情绪。

在心理治疗过程中，改变不好的心理模式非常困难，但是改变行为就比较容易了。艺术治疗能够借助人身体上的改变，促使患者建立新的行为习惯，并让身体与情感产生新的连接，最终达到缓解内心不良情绪的目的。比如治疗焦虑症时，由于患者不知道怎样使用正确的方式积极地表达自己内心的感受，往往出现紧张、手心出汗、呼吸困难等现象，而绘画、练习书法、跳舞等艺术形式则可以将人们潜意识中压抑的情感和冲突表达出来，缓解压力。

许多精神专科医院都有专业的工娱治疗师，也就是工作与文娱治疗师。他们可以对患者进行系统、合理的治疗，并根据患者的病情调整治疗方案。有的医院甚至还开展了更具专业化的沙盘游戏，让患者自由选择人物、房子、树木、动物等道具，在沙盘中摆出各种场景，然后治疗师根据参与者摆出的场景不断提问，根据患者的回答评估其心理和情绪，最后给予疏导。

心理测试　伯恩斯焦虑量表

　　面对激烈的竞争和瞬息万变的环境，许多人都变得焦虑，并陷入煎熬之中，极大地影响了我们的身心健康。那么，就让我们用伯恩斯焦虑量表来测一测自己的焦虑程度吧！

（测试内容）

　　请根据自己过去几天内的实际情况，选择最贴切的答案，并计算出总分。

1. 焦虑、神经质、烦恼或恐惧。

2. 感到你周围的事情很奇怪或不真实。

3. 感到身体部分或全部不属于自己了。

4. 突发的恐慌感。

5. 恐惧或濒死感。

6. 感到紧张、痛苦、烦躁或濒临崩溃。

7. 难以集中注意力。

8. 思维杂乱。

9. 令人恐惧的幻想或想入非非。

10. 失控感。

11. 担心精神崩溃或发狂。

12. 担心晕倒或失去知觉。

13. 担心心脏病发作或死亡。

14. 担心自己显得愚蠢或能力低下。

15. 害怕孤独、担心被孤立或遗弃。

16. 害怕批评或被拒绝。

17. 担心会发生可怕的事情。

18. 心跳过速、心律不齐或心脏搏动增强。

19. 胸痛、胸闷或压迫感。

20. 脚趾或手指刺痛或麻木感。

21. 胃部不适或抽紧感。

22. 便秘或腹泻。

23. 坐立不安。

24. 肌肉紧张。

25. 出虚汗。

26. 咽喉梗阻感。

27. 手抖。

28. 双腿僵硬或发软。

29. 感到眩晕、头昏或步态不稳。

30. 呼吸困难或窒息感。

31. 头痛、颈或背部疼痛。

32. 感到忽冷忽热。

33. 感到疲乏、虚弱或易疲倦。

(计分方法)

无	轻度	中度	重度
0	1	2	3

(结果分析)

如果总分数是0~4分，则说明你正常或没有焦虑。

如果总分数是5~10分，则说明你处在焦虑边缘状态。

如果总分数是11~20分，则说明你轻度焦虑。

如果总分数是21~30分，则说明你中度焦虑。

如果总分数是31~50分，则说明你重度焦虑。

如果总分数是51~99分，则说明你极度焦虑或极度恐慌。

第八章
挖掘积极情绪的"宝藏"

生活幸福与否取决于我们的情绪状态，因为只有在积极情绪的引导下，我们才能增加个体的主观幸福感。可以说，积极情绪是我们的内在源泉。所以，我们一定要努力挖掘自己的积极情绪，这样才能拥有幸福生活。

时刻坚持希望

假如你历经坎坷，坚持希望和信念就是让你继续活下去的理由。它可以改变一个人的思维方式，使人以更加积极的态度生活。

希腊神话中有这样一个故事：潘多拉无意间打开了一个魔盒，把贪婪、虚无、诽谤、嫉妒、痛苦等释放到人间。所幸的是，她及时关闭了魔盒，把希望留在了魔盒里。于是，人类靠着这份希望与邪恶做斗争，它成了一股支撑人类意志的无形力量。

希望是一种情绪体验，一种能够支撑着身处逆境或困境的我们坚持活下去的信念。心理学家艾维里尔认为，希望是一种与人们的目标紧密相连时产生的情绪体验，一旦目标触手可及，极有希望实现，并且具有重要的意义时，就会产生这种情绪体验。

有一年，一支英国探险队在撒哈拉沙漠穿行。风沙肆意扑打探险队员的面孔，探险队员口渴难耐。可是，大家一滴水都没有了，心急如焚却又无可奈何。此时，探险队长取出一只水壶，对大家说："我这里还有一壶水，但是我们大家谁都不能喝，除非走过这片沙漠。"

看到还有一壶水，大家都有了希望，把求生希望都寄托在这壶水上。水壶在队员之间传递，那沉甸甸的感觉令每一个濒临绝望的队员重新露出了坚定的神色。最终，探险队员全数走出了沙漠，保住了生命。大家喜极而泣，用颤抖的手拧开水壶，却意外地发现里面装的并不是水，而是沙子。

为什么希望有这么大的力量呢？研究发现，当人充满希望时，人体内会产生一种名为"因道啡"的化学物质。在一般情况下，因道啡的浓度并不高，但如果将其提取出来，注入骨髓及大脑中时，就会使人感到轻松、舒畅。

美国宾州大学心理学教授马丁·沙里曼经过连续几年的研究发现，对于保险业务员来说，如果内心充满希望，那么第一年的业绩就会比悲观型的业务员多21%，而第二年甚至会多57%。因为面对一次次的失败，悲观型的业务员会在心里告诉自己："对我而言，这行真是太难了，我真的无法继续干下去了。"而内心充满希望的业务员则会对自己说："这没什么，以后还有机会，我应该吸取经验。"

希望固然美好，但是如果不付诸行动，那么希望就只能成为一个美好的幻想。有了目标后，希望就成了一种积极的情绪，能够帮助我们不断地做出新的尝试，让我们有足够的勇气去战胜各种磨难，就算失败了也不气馁。

美国心理学家马丁·塞利格曼发现，对生活充满希望的人，会倾向于相信所有好事都是他们的性格创造出来的，所以能不断地重复，而坏事仅仅是一次偶然的失误，并不能摧毁他们的整个人生。正是这种心态为他们的坚持提供了源源不绝的动力。

心理小课堂

有时候美好的幻想也有一定的积极意义。比如，当你无法处理现实生活中的困难，或者不能忍受某种情绪的困扰时，可以暂时让自己离开现实，通过幻想另一个世界来获得内心的平静。这种心理防御机制可以减弱外界的伤害与刺激，让心灵暂时活在幻想的世界里。

美国临床心理学家弗兰克尔就曾通过幻想来保护自己。第二次世界大战期间，身为犹太人的他曾在德国人的集中营里待了四年。

幸存下来后，他对集中营中存活下来的人进行了调研，结果发现，他们能生还与个人身体素质的关系并不大，关键在于他们对未来怀有美好的憧憬，并乐于让自己沉醉于幻想出来的美好愿景之中，以达到让自己承受眼下难以忍受的苦难的目的。正是这种积极的幻想，最终帮助他们度过艰难的岁月，等到了重见光明的一天。

如果站在这一角度来讲，幻想能够对个体产生积极的正面影响，帮助人们缓解心中的压力，舒缓内心承受的痛苦，用信念战胜那些艰难、困苦的日子。

但是，每一件种事情都有两面性，包括幻想这种心理防御机制。假如一个人过度沉浸于自己的幻想世界，却很少在现实世界中采取具体的行动，那么，他的思维将逐渐退化，进而无法从容应对现实世界中出现的各种问题。

拥抱热情，乐享生活

　　许多人误以为热情是与生俱来的，无法靠后天培养获得，其实并非如此。热情是可以培养的，它来自投入、健康、专注、习惯和兴趣等各个方面。

　　美国自然科学家、作家杜利奥提出："没有什么比失去热忱更使人觉得垂垂老矣，精神状态不佳，一切都将处于不佳状态。"

　　在生活和工作中，许多人觉得烦琐、枯燥，提不起热情，没有新鲜感和成就感，总是有一种"吃剩饭"的感觉。面对巨大的压力，只能抱怨竞争的残酷、生活的无奈。其实，工作是否有趣，关键在于你对它的看法。对于工作，我们可以高高兴兴地去做，也可以愁眉苦脸地去做。

　　美国作家威·莱·菲尔普斯去一家袜子店买袜子，碰到一个非常热情的店员。

　　作家觉得买什么样的袜子是无关紧要的，但是店员的眼睛里闪着光芒，话语中满含热情地说："您知道吗？您来的这家袜子店是世界上最好的。"作家愣住了，因为他只不过是想买一双短袜，走进这家商店不过是偶然罢了，自然不会考虑这个问题。

　　只见店员将一个盒子从货架上取出来，向作家展示里面的袜子，请他尽情挑选。作家连忙提醒他说："等一下，小伙子，我只要一双袜子！"店员回答说："是的，我知道，不过我想请您看看这些袜子有多漂亮，真是好极了！"

店员脸上的表情庄严神圣，作家开始对这个店员产生了兴趣，把买袜子的事都抛于脑后了。作家稍微犹豫了一下，然后对那个店员说："我的朋友，假如你能一直这样热情，并且你的这份热情不是因为你感到惊奇，也不是因为你刚换了一份新工作，而是每天如此，始终保持这种热情，用不了十年，你就会成为美国的短袜大王。"

热情可以弥补20%能力上的缺陷，假如缺乏热情，一个人就只能发挥出自身能力的50%。其实，无论从事什么样的工作，都应该学会热爱它，就算它并非你喜欢的工作，也要竭尽所能去改变，并凭借这种热爱去发掘心中蕴藏着的活力和热情。一旦你有了这种热情，上班将不再是一件苦差事，你将能从中得到许多意想不到的乐趣。

很多时候，我们都把失败归咎于缺少才华。但事实呢？失败不过是因为我们缺乏耐心，在最初的热情一闪而过之后，我们很容易失望，失去信心，然后轻易地放弃掉。本来，如果有认真的态度和持续的专注，我们即便不能拥有丰功伟绩，也能取得值得骄傲的成果。所以，当我们感到没有希望的时候，不如时时回想一下最初的热情，寻找一点继续下去的勇气。

心理小课堂

许多人误以为热情是与生俱来、无法后天培养的，其实热情是可以培养的。不过，要想培养热情，首先要知道它来自哪里。

1. 热情来自投入

热情来自时间、金钱等各方面的投入，而且投入的程度越高，就越热情。假如没有投入时间、金钱，就算能随时变得兴奋，也不能称之为真正的热情。那样很容易产生疲惫和倦怠感。

2. 热情来自健康

如果身患疾病，个人的精力就会下降，而精力下降就会导致热情降低，所以健康也是热情的一个关键。比如，一个发高烧的人很难提起热情，把精力投入工作中。

3. 热情来自专注

专心致志地做好本职工作，能让人产生一种成就感，无形之中也就增加了对工作的热情。不过，"热情"和"专心致志"就像是硬币的正反两面，是因果关系的循环。没有热情，就无法专心致志；不专心致志，也就无法产生热情。当然，在初始阶段也许会有些困难，但是只要反复对自己说，"我正在从事一项了不起的工作""能做这项工作真是太幸运了"，如此一来，对工作的热情自然就有了转变。

4. 热情来自养成习惯

其实，改变对生活的态度，就像培养新习惯一样简单。心理学界早已证实，只需要二十一天，我们就能养成或戒除一个习惯。所以，假如你要养成或改掉一个习惯，只需要坚持二十一天就能达到目的，培养热情也是如此。假如你一直表现得很热情，也许二十一天后，你就会惊奇地发现，你已经不需要花费太多精力去伪装，因为你的身体已经习惯了热情。

5. 热情来自兴趣

兴趣的产生与大脑皮层上的兴奋联系密切。当一个人做自己感兴趣的工作时，一般不会产生疲惫感，做自己不感兴趣的工作时，往往更容易陷入疲惫中。所以，假如你实在不喜欢当前的工作，怎么也提不起兴趣，觉得度日如年，那么就不必强颜欢笑。你需要做的是找到自己的兴趣所在，然后寻找一份适合自己的工作。在工作过程中，假如你发现自己对本职工作的一部分不感兴趣，也不用过度紧张，以防由于忧虑而给自己造成思想负担。遇到这种情况，可以想方设法培养自己的兴趣。

6. 热情来自假装

"假装"已经不是一个新的概念了，许多人都已经运用过这种方法。

在生活中，我们经常听到有人说："假装你能做到，你就真的能做到。"
这就意味着，你完全可以通过假装来完成一些事情，比如：假如你一直假
装自己很开心，最后你就会真的很开心；假如你一直假装自己是一个热情
的人，在人前表现得相当热情，时间长了自然就会充满热情。

在工作中投入激情

日复一日地重复相同而琐碎的工作，很容易即使人失去激情。如果不能改变这种状态，必然会压抑、烦躁、易怒，对工作心生厌倦。

美国的《管理世界》杂志曾经做了一项调查，分别对两组人进行采访，第一组是公司在职的高水平的人事经理和高级管理人员，第二组是商业学校的毕业生。他们向这两组人提出的问题是，什么品质最能帮助一个人获得成功，结果两组人的答案惊人一致——激情。

如果事业是汽油，那么激情就是火柴，不管多么纯的汽油，假如没有火柴把它点燃，也不会发出光和热。同样道理，假如没有激情，你的能力和优势将无法充分发挥出来，自然无法给事业带来巨大的动力。

许多人都有种错觉，觉得激情只受外界条件的限制，无法人为控制。其实，想在工作中保持激情并不是非常困难的事情。那么，怎样才能唤起我们日渐消逝的工作激情呢？

1. 改变不感兴趣就没激情的想法

兴趣对激情来说固然非常重要，但是不感兴趣就没激情的想法却站不住脚。我们都知道，兴趣是可以培养的，刚开始你选择一种职业可能是出于兴趣，可是做久了才发现，支持你充满激情地做下去的已经不再是兴趣，而是一种责任，一种因为熟悉而产生的眷恋，一种为了取得成绩而坚持下去的决心。

2. 把工作当作一项事业

假如你仅仅把工作当作一件差事，或者仅仅把目光停留在工作本身，那么就算你从事自己喜欢的工作，也无法对工作保持持续的激情。不过，假如你把工作当成一项事业来看待，把它和自己的职业生涯联系在一起，情况就完全不同了，你将会觉得自己从事的是一份有价值、有意义的工作，而且能够从中感受到使命感和成就感。

3. 树立新的目标

从本质上来讲，任何工作都一样，都存在着重复。假如是因为这永不停歇的重复而对眼前的工作失去信心的话，即使是一份称心如意、令所有人羡慕的工作，也会因为一成不变而变得枯燥乏味，使人无法从中获得快乐。只有不断给自己树立新的目标，挖掘新鲜感，才能保持激情。所以，不妨把曾经的梦想捡起来，找机会实现它，或者审视自己的工作，看看有哪些事一直拖着没有处理，然后把它做完。一旦你解决了一个又一个问题，就会在不知不觉中产生一些小小的成就感。

4. 千万不要有自满心理

在工作中，千万不要有自满心理，因为自满的人不会千方百计地前进，对工作也就没有激情。假如你满足于已经取得的工作成绩，不注重开创未来，那么现在这个阶段的工作就没了吸引力。相反，假如你把过去的成绩当作激励自己更上一层楼的动力，试图超越往日的成绩，就会重新激情满怀。

5. 学会释放压力

无论是多么喜欢的工作，都会或多或少地给自己带来压力。面对压力，有些人一味忍受，有些人肆意夸大，这些都不是恰当的处理方式。正确的做法应该是学会管理压力并科学地释放压力，减轻对工作的恐惧感，放松心情，这样才能重燃激情。

6. 经常和充满激情的人在一起

激情会传染，经常和充满激情的人在一起，自然会被他们身上的活力与主动感染。和一群激情满怀的人在一起，你将会调动自身的激情，以同样的激情投入工作中。

7. 要不断地学习

纵观那些充满激情的人，都是一些终身学习的信奉者和践行者。所以，假如你希望点燃自己的激情，就应该从不断学习中去寻找，竭尽全力去学习新的事物，永远不要停下自己的脚步。

心理小课堂

工作时间久了，难免有些倦怠。首先，可以为自己做一个诊断，如果同时满足以下五点中的三点，你就要提高警惕了，因为你很可能对工作已经心生倦怠。

对工作没了热情，注意力不够集中，对领导交办的任务提不起兴趣，工作时间明显延长，同样的工作需要花费更长的时间才能完成。

时常会出现头痛、胃痛、肌肉酸痛等症状。

习惯猜疑，怀疑自己得了某种疾病，经常去医院检查。

失眠多梦，食欲不振。

工作中情绪不稳定，对人际关系太过敏感，容易发怒。

假如你已经断定自己对工作心生倦怠了，就要通过以下几种方法消除工作中的倦怠：

1. 科学规划职业生涯

要搞清楚自己有哪些优秀品质，这样才能找到适合自己的工作，并在工作中获得成就感。

2. 搞好与同事之间的关系

在工作中，与同事之间的关系如何，直接决定着你在工作中的心情、工作效率、工作热情等各个方面，所以，一定要搞好与同事之间的关系。

3. 端正自己的心态

在工作时，要端正自己的心态，不要抱着为了获得每月定时发放的工资的心态去工作，而要抱着实现自我价值与社会价值的心态，怀着感恩之心去工作。

用利导思维引导情绪

利导思维是一种乐观的思维方式，反映了一个人积极向上的生活态度。经常进行利导思维既有利于人的身心健康，又有利于克服困难、战胜挫折，身处逆境仍坚持乐观。

所谓利导思维，其实就是把一切思考导向对自己有利的方面，也就是遇事往好的方面去考虑。在不利的事情中看到有利因素，改变认知角度，破除思维定式，培养正面的、积极的、良好的情绪，消除负面的、消极的、不良的情绪。

很多事情，既可以从正面理解，也可以从反面理解。按照辩证法的观点看，世界上没有绝对的好事或坏事，好事中往往潜伏着坏的因素，而坏事中也往往包含好的成分。比如，挫折既是好事又是坏事，它既可以磨炼一个人的意志、陶冶一个人的情操，又可以使人情绪低落、意志消沉、精神崩溃。利导思维可以让我们睁大眼睛，让我们从不利的事情中寻找美好，并放大美好。

要想用利导思维引导情绪，可以从以下几方面着手：

1. 改变认知角度

"横看成岭侧成峰，远近高低各不同。"这就是说，看问题的角度不同，我们所看到的东西也各不相同。

在一场音乐会上，音乐大师梅达在出场前挂了一个花环。当他上台尽心尽力地指挥乐队时,花瓣纷纷落到他脚下。一位女士说:"等他指挥完,他会站在一堆可爱的花瓣之中。"一位男士却略带伤感地说:"等他指挥完,他脖子上就只剩下一圈绳索了。"

两个人的视角不同,看到了截然不同的情景:女士看到的是"可爱的花瓣",男士看到的却是"一圈绳索"。利导思维就是要改变认知角度,进而引导人们的情绪向积极的方向发展。

2. 破除思维定式

思维定式指的是由先前的活动而造成的一种对活动的特殊的心理状态,或活动的倾向性。它是一种封闭性思维,具有很大的误导性和束缚性。例如我们常说的"一朝被蛇咬,十年怕井绳"就是在用过去经历的痛苦经验来推论当下发生的事情。所以,要进行利导思维,一定要消除思维定式的消极影响。

3. 优化情绪

利导思维产生积极的情绪体验,弊导思维产生消极的情绪体验,这充分说明了思维方式影响一个人的情绪。反过来,情绪也会影响思维。积极的情绪会推动利导思维,消极的情绪则会推动弊导思维。比如,自卑的人看不到自己身上的优点,只能看到自己的缺点。所以,要进行利导思维,一定要优化情绪,使积极的情绪推动利导思维。平时可以多培养积极的、正面的、良好的情绪,消除消极的、负面的、不良的情绪。

心理小课堂

以下四种思维方式是利导思维的具体体现,形成这些思维方式,将有助于你走出消极情绪,将其转化为积极情绪。

1. 肯定性思维

肯定性思维就是相信好的结局,坏的事情总有好的一面,逆境也会转化成顺境。

日本的水泥大王浅野一郎年轻时去东京谋生。刚到东京时，他遇到了诸多困难，一直处在饥寒交迫中。一天，他饥渴难耐，突然在街角的一个位置看到有人在卖水。旁边很多围观的人都在抱怨："东京真不适合生存，连水都要花钱买！""东京的物价太高了，不仅不适合生存，也不适合做生意！"听了这些话，浅野一郎却感觉眼前一亮："东京这个地方居然连水都能卖钱！我在这里生活下去绝对不成问题。"带着这样的心态，浅野一郎很快走上了创业之路，最终成为日本大名鼎鼎的水泥大王。

"水都要花钱买"和"水都能卖钱"，这两句话好像含义一样，反映的却是两种完全不同的思维：前一种思维是否定性思维，后一种思维则是肯定性思维。由此可见，肯定性思维能够让事情朝着积极的方向发展。

2. 感恩式思维

持有感恩式思维的人，会以感恩的心态面对自己所处的困境，而不是唠叨、抱怨。比如，一位有着感恩式思维的盲人曾说："和聋子相比，我能听见声音；和哑巴相比，我能说话；和下肢瘫痪的人相比，我能行走。所以我非常幸福。"

3. 乐观性思维

乐观性思维与利导思维在本质上没什么不同，都是在不能改变客观事实的前提下改变自身认知，忽略那些对自己不利的事情，只关注那些对自己有利的事情。

4. 可能性思维

可能性思维指的是尽量承认自己的不足之处，同时又坚信自己通过各种努力后一定可以不比别人差。平时要确立可能性思维，不要让"我不行"的思维方式和负面暗示影响到自己，确信自己是最棒的。

自信是累积出来的

　　● 自信不是争取到的，是打造出来的，不是一天、两天，也不是一个星期，而是经年累月打造出来的。

　　你是否有这样的体验：无法接纳自己，觉得自己很笨、很差劲，比不上别人；工作、学习、交往等方面都没做好，总是悲观、消极、自卑，不能像别人那样乐观轻松地活着；同事们都比自己成熟、乐观、坚强，自己怎么做都望尘莫及；和人交谈，总会感到自己是多余的，然后躲起来，不与人交往。

　　自信是获得积极情绪最基本的条件，自信的人能把想做的事情做好、做彻底，从而拥有一种成就感，自己就会备受鼓励。因此，对于每一个人来说，自信都非常重要，尤其是那些自卑的人，更应该积累自信。

1. 练习正视别人

　　眼神能透露出一个人的众多信息。当一个人不敢正视你的时候，你会不由自主地想：他一定是想隐瞒什么，害怕我看穿他的心思。另外，不正视别人往往还意味着"与你相处，我感到特别自卑""和你相比，我各方面条件都不如你"。而正视别人就等于告诉他："我是一个诚实的人，更是一个自信的人。"

2. 走路时加快速度

如果你仔细观察，就会发现，身体的动作是心灵活动的结果。那些遭遇打击、被人排斥、缺乏自信的人，走路时往往拖拖拉拉的，没有一点气势，似乎在说"我这个人没什么能力""我感到很自卑"。而那些信心十足的人，走路时总是比一般人快，很有气势，似乎在说"我要去一个非常重要的地方，去做一件十分重要的事情"。心理学家研究发现，走路时加快速度，可以改变一个人的心理状态，增强自信。所以，只需要在走路时加快速度，就能培养自信。

3. 练习当众发言

在会议中经常沉默寡言的人总认为："也许我的意见根本没有价值，说出来只会让他人觉得我很愚蠢，所以最好什么也不说，而且别人总是比我懂得多，我不能让他们知道我是无知的人。"他们不敢当众发言，喜欢逃避，从而越来越没有自信。其实，你不用担心会显得愚蠢，因为总会有人同意你的见解。

尽量发言，就能增加自信，下次发言也就更容易。所以，无论参加哪种性质的会议，都要积极发言，不要有例外。而且，尽量最先打破沉默，做破冰船，而不是到最后实在没有办法了才发言。

4. 学会微笑

微笑可以培养自信，缓解自卑情绪。正如一首诗中所说："微笑是疲倦者的休息，沮丧者的白天，悲伤者的阳光，大自然的最佳营养。"经常对人微笑，你就会变得越来越自信。你可以经常向家人、朋友、同事微笑，也可以经常向陌生人微笑，以提升自信。当然，如果你还不敢对着他人微笑，也没关系，那就对着镜子里的自己微笑吧，同样能达到提升自信的目的。

5. 学会自我激励

人的自信是一种内在的东西，需要由你自己去激发。所以，在建立自信的过程中，一定要学会自我激励。在你遇到重要的事情，需要鼓起勇气来面对时，你可以自我激励说："造物主生我，赋予我无穷的智慧和力量。"这样就可以增强信心，激发内在的力量。当然，这种激励不是长久之计，要想变得自信，就需要不断地激励自己，直到养成习惯。

6. 做事不要拖延

在现实生活中，有些人之所以缺乏自信，就是因为长期拖延积累。由于在小事情上没有处理好，不断积累，所以不断地给自己增加心理压力，久而久之，就会产生一种失败感，觉得自己什么事情都做不好，从而越来越缺乏自信。因此，建立自信的最好方法就是认真对待每一件小事。只要是自己认为应该做的事情，不管是大事还是小事，都要认真对待，把它处理好，让自己满意。养成今日事今日毕的好习惯，不让事务性的工作压身、缠身，心里就会感到轻松，自然能增强自信。

心理小课堂

坚持是获得自信必不可少的品质。正如居里夫人所说："生活对于任何一个男女都非易事。我们必须要有坚韧不拔的精神，最要紧的，还是我们自己要有信心。我们必须相信，我们对每一件事情都具有天赋的才能，并且无论付出什么代价，都要把这件事情完成。当事情结束的时候，你要能够问心无愧地说，'我已经尽我所能了'。一个人只要有自信，那么他就能成为他所希望成为的人。"

信心是在不断努力、不断进步中逐步建立的，中途放弃是我们缺乏自信的重要原因。因此，只要是我们认为应该做并且已经着手做的事，就不要轻言放弃。当你放弃的时候，刚开始你可能会感到非常轻松，但事情过后，挫折和失败就会不断地增加你的心理压力，使你产生内疚、自卑心理。所以，千万不要为自己找理由去放弃你应该做和正在做的某一件事情。

心理测试 测测你有多乐观

荷兰科学家研究表明，乐观的心态能使人的寿命延长。其实，乐观不仅有利于自己，还可以感染他人，使他人积极向上。下面就让我们一起来做个小测试，看看你有多乐观吧！

测试内容

想准确地了解一下你的乐观程度有多少吗？下面，我们一起来测一测自己的乐观程度吧！请回答以下十个问题，根据自己的感受程度记下相应的选项，并计算出总分。

1. 很多时候，我都会预期最好的状况。
2. 对我来说，随时放轻松特别容易。
3. 假如我认为自己会把事情搞砸，就真的会搞砸。
4. 我对自己的未来总是比较乐观。
5. 我很喜欢与朋友相处。
6. 保持工作忙碌，对我非常重要。
7. 很少有事情是朝着我期待的方向发展的。
8. 我不太容易感到不安。
9. 我几乎不期待好事会发生在我头上。
10. 在生活中，我感觉自己遇到的好事情总是比坏事情多。

计分方法

A	B	C	D	E
非常同意	同意	一般	不同意	非常不同意

第1、4、10题：A=1分，B=2分，C=3分，D=4分，E=5分。

第3、7、9题：A=5分，B=4分，C=3分，D=2分，E=1分。

第2、5、6、8题：不计分。

结果分析

如果总分是6分，则说明你极度乐观。

如果总分在7～18分，则说明你乐观。

如果总分在19～29分，则说明你悲观。

如果总分是30分，则说明你极度悲观。

第九章
情绪难逃思维的牢笼

　　我们普遍认为消极情绪主要受客观事实影响，是无法控制的，却不知消极情绪主要来自我们的思维方式。其实，那些令人焦虑、烦恼、担忧的事情并没有我们想象中那么糟糕，我们之所以感觉它们很严重，是因为我们的思维方式出了问题。只需要换一种思维方式，就能消除这些消极情绪。

期待过高：要求太高导致内心焦躁

期待过高是导致内心焦躁的根本原因。要想摆脱心中的焦虑和痛苦，就要摒弃期待过高这一思维方式，使自己对事物的要求回归理性。

每个人对自己的期许都不一样，以至于对自我的要求也各不相同。对自己要求高原本是一件好事，能够督促自己变得更加优秀。但是，如果对自己要求太高，就会适得其反，于无形中给自己施加过多的压力，最后反而不利于实现目标。因为设置的目标很难达成的话，很可能每天都处在紧张和高压的状态，随之而来的将是焦虑和痛苦。

那么，什么样的思维方式容易导致内心焦虑，又如何摒弃这种思维方式呢？

1. 快节奏思维

许多人都有快节奏思维，为了实现预期的目标，往往太过急躁，希望以超快的节奏工作或生活，而不顾自己能够承受的压力极限。所以，当你感到被压得喘不过气时，不妨看看自己是不是有快节奏思维。如果有快节奏思维，就要告诉自己：人生没有必须要实现的目标。如此一来，你就可以放缓自己的脚步，按照事物发展的节奏慢慢来，使设定的目标更容易实现，一边欣赏沿途的风景，一边从容淡定地往前走，享受追逐目标的过程，而不是太过在意结果。

2. 单一价值思维

具有单一价值思维的人，评价一件事情成功或失败时只有一个标准，比如，只有有车、有房、有存款，才能算是好生活。这种单一价值思维在顺境时看不出有什么问题，可是一旦现实的情况与价值观有落差时，这种思维就会使人陷入不断的自我冲突中。而这种冲突将消耗你大量的精力，导致你与自己的目标及期望越来越远，从而陷入恶性循环之中。

3. 绝对化思维

具有绝对化思维的人，经常以自我意愿为出发点，认定某件事情一定会发生或不会发生。它的表现是将"想要""希望"绝对化为"必须""应该""一定要"。比如，他们经常有"我一定要成功""别人一定要对我好"的想法。

这种绝对化的要求之所以不合理，是因为世界上的任何事物都有其发展规律，它们不以人的意志为转移。所以，当某些事物的发展与他们对事物的绝对化思维相背离时，他们就会感到难以接受与适应，从而陷入情绪困扰之中。

4. 理想化思维

当不切实际的期待远比现实所能满足的程度高时，人就会被自己的欲望绑架，也就不可能感到轻松、愉快。欲望是人前进的原始动力，其本身并没有好坏之分，不过，自我要求过高就等于被自己的欲望绑架了。作为一个有大脑、有理性的人，我们应该控制自己的欲望，而不是被自己的欲望支配和吞噬。要懂得人在宇宙中是无比渺小和微不足道的，当你以现实为中心，而不是以自我为中心时，就不会感到这么大的压力了。

事物都有自己发生、发展、结束的规律，你无力改变这个客观规律，所能做的只有以这个规律为中心，顺应这一规律，而不是挑战这一规律。将注意力集中到实际的事物上来，而不是过多地关注自己的臆想。

心理小课堂

从表面上看，完美主义似乎是一种非常好的生活方式，实际上它却是不折不扣的糖衣炮弹，许多人都被它所造出来的一丝不苟、认真负责的假象所蒙蔽。许多完美主义者都坚持着要么什么都不做，要做就要做到最好。一旦付出的努力最后没有收到理想中的回报，就会一蹶不振。

绝大多数惊慌、沮丧和愤怒的情绪，产生的根源其实都是人们把原本希望的目标转为绝对不能改变的要求和命令，所有的事情都必须按照意愿发生，假如现实无法满足，失望和烦恼就会产生。

美国的日报《今日美国》做过一个统计，发现要做一个真正完美的人，一天24个小时远远不够：30分钟进行健身训练，45分钟用于清洁身体，2~4小时留给家人，45分钟读报，2~4小时看电视，1~2小时花在车里或公交车上，7~10小时用来工作，另外1~2小时用餐，大约8小时睡眠。另外，还要抽时间来看小说、听音乐、参加朋友聚会等。总的来说，根据美国记者们的计算，一天42小时比较理想。

所以只要稍加推测就会发现，完美主义者的大多数想法并不符合实际。他们的许多目标和要求往往太过理想化，几乎不可能变成现实。如果按照完美主义者要么不做，要么做到最好的做事态度，那么他们大多数时间就会保持在不做事的状态下。由此看来，不太完美的要求对我们来说是非常重要的。如果事情没有达到我们的期待，就要理性看待，不要期待过高。

错贴标签：消极暗示导致情绪起伏

给自己贴标签意味着用错误来树立一个完全负面的自我形象。它是一种极端的以偏概全的形式，既是在自寻烦恼，又显得荒谬、愚蠢。

在生活中，许多人都经常对自己说"我是一个非常差劲的人""我一无是处""我不善交际"等，这样就给自己贴上了一个错误的标签。错贴标签会使你在描述事情时使用不准确的字词，过于感情用事。比如，一位正在减肥的人吃了一个冰淇淋后往往会想："我真是一头爱吃的猪，恨死自己了！"有了这种想法，她就会变得心烦意乱。

错贴标签后，我们往往会用各种各样的例子来证明自己的标签，比如，做事时顾虑重重，总是怀疑自己做不好，不由自主地证明自己很差劲。这种思维在脑海里根深蒂固，每次做事都会想到这些负面的内容，暗示自己做不好。

自我暗示常常具有意想不到的效果，会对一个人的心理状态产生极大的影响。当我们在进行自我暗示的时候，其实是在持续不断地给自己下命令。如果长时间进行自我暗示，那么就会形成一种习惯。这种习惯将会对一个人的态度和思维产生最直接的反应，进而影响人的身体和行为。

一旦一个习惯负面思考的人陷入了思维定式之中后，他就会消极地评价自己所面临的问题。更可怕的是，就算是积极的事件，当陷入了负面的思维定式以后，他同样会用消极的态度来看待问题。如果任由消极聚集，就会加深不幸感，使自己对灾难的感触更深，从而导致自我控制能力大大降低。

有一个人经常怀疑自己得了癌症，吓得要死，每天愁眉苦脸的，陷入焦躁不安的状态中，吃不下饭，睡不好觉，一举一动都表现出一个癌症患者的状态，仅仅半个月，他的体重就下降了十多斤。后来，经多家医院检查发现，他根本没有得癌症。听到这个消息后，他终于慢慢恢复了健康。

相反，有一个人被医院确诊为癌症，但是他并没有把这太当回事，经常进行积极的自我暗示："只要自己的精神不垮掉，就能战胜癌症，逐渐好起来。"吃药时，他经常念叨："这药肯定不错，吃了一定有效果。"走路时，他经常暗示自己："生命在于运动，多散步，身体自然好。"渐渐地，这种暗示对他的身心产生了良好的作用，十多年都没有什么大碍，他对身体也越来越有信心了。

案例中的两个人形成了鲜明的对比，充分说明了消极暗示和积极暗示能导致完全不同的结果。消极暗示很容易使人的情绪起伏，对事物的判断产生极大的错误，出现认知偏离常态的现象。这种人思维容易被引入歧途，心理上经常处于困惑状态，在生活中处处碰壁，在工作上经常失败。

虽然消极暗示的危害极大，但是我们可以用同样的原理治愈消极暗示，那就是多运用积极暗示。于1920年首先提出自我暗示疗法的法国医师库埃有一句名言："我每天在各方面都变得越来越好。"他让病人每天重复这句话，许多病人因此而得以康复。其实，暗示疗法就是让病人有一个好心情，有战胜病魔的信心，这样就可以调动人的内在因素，发挥主观能动性。就像古人说的"情急百病增，情舒百病除"。

心理小课堂

负面情绪源于消极的自我暗示，那么，常见的消极心理暗示有哪些呢？

1. "这件事肯定会被我搞砸"

有些人由于害怕做不好而不敢接手某件事情，他们都有这样的特点：总是习惯逃避，绕着机会走。即使机会来了，他们也不敢伸手。就算已经准备齐全，他们也会选择临阵脱逃。因为他们一直在内心质问自己："我真的有这个能力吗？万一出错了怎么办呢？"

2. "我需要帮助"

这类人从来不相信自己能独立完成某件事情，他们的软弱源于对自己的不信任，在生活中总是过于依赖别人，让别人处于控制地位。由于他们总认为"我不行"，所以最终沦为强者的依附者。

3. "我的想法肯定错了"

这类人总是怀疑自己的观点，不敢把内心的真实想法表达出来，尤其是在那些需要他们发表意见的场合，他们更不敢从容地表达自己的想法。

罪责归己：盲目揽错导致不堪重负

● 罪责归己会让人感到极端内疚，因为责任感强而背负整个世界，最后不堪重负，喘不过气来。

你是否经常对自己感到不满，喜欢对自己说"我应该……""如果……"之类的话？比如："如果我没有当着他的面说这个专业前景好，也许他报志愿就不会选错。""都怪我，如果我当时没有给他打电话，他就不会在开车时接电话，也就不会出车祸了。"许多人之所以陷入罪责归己的思维误区，就是因为一直有"如果……那么……"的思维方式。这种思维误区的危害在于它只存在于主观的推理之中，严重打击人的自信。

喜欢罪责归己的人，总会把事情的责任揽到自己身上，而且内心充满了内疚、自责、后悔等情绪。心理学把这种现象称为"负罪感"，它的产生往往是因为我们对自己所做的某件事或所说的某些话感到负有责任，觉得不该这么做或不该这么说。负罪感之所以危害极大，是因为我们所批判的往往不仅是我们的个别行为，还有我们整个人。

郭女士的弟弟突然在家中跳楼自杀，这让郭女士非常痛苦，不过，令她更痛苦的是，她觉得弟弟的死和她有关系。为了证明自己的猜测是正确的，她找出许多无可辩驳的理由。深深的内疚感每天都在折磨着她，令她痛不欲生。她经常自责说："我真没用，简直太愚蠢了！怎么就没能阻止这一切呢？怎么就没看出他想自杀呢？昨天我还和他谈话，真不该那么说他。是我间接杀了他！"

郭女士就是典型的罪责归己，因为思维扭曲而盲目猜测自己弟弟的死因，觉得自己是弟弟自杀的导火索。不过，谁都没有预见未来的能力，否则一定会想方设法去阻止悲剧的发生。也就是说，她不该为弟弟的死而自责，这是不合逻辑的。她不该认为自己应该为弟弟的情绪和行为负责，因为这些都不在她的控制范围之内。

自责会给我们的心灵增加负担，让我们饱尝内疚感和羞耻感的折磨。所以，我们有必要增强自我意识，和"我应该……""我真后悔……"等思维方式说再见。面对那些令自己自责的事情，应该做出客观的评价，实事求是地指出自己应负的责任，而不是盲目夸大自己的责任，把不属于自己的责任也一并承担。

如果因盲目揽错而不堪重负，那么可以利用以下几种方法消除心中的负累。

1. 做一些想做的事情

把注意力从那些令自己自责的事情上移开，做一些想做的事，特别是隐藏在内心深处的想法，比如去某个地方旅游，见某个一直想见的人，看一场特别想看的电影，等等。要保证自己能够全身心地投入其中，不在乎结果和成绩，因为做自己感兴趣的事本身就是一件非常有意义的事情。

心理学家研究发现，能够全身心地投入一件喜欢的事情之中，可以消除人们的不满情绪。心理学把这种状态叫作"意识流"，人们在这种状态下会把所有烦恼都忘记，甚至忘记自己。

2. 认清自身的局限性

谁都不是万能的，都会犯各种错误，所以不必过于自责。糟糕的结果可能是由你造成的，更大的可能是各种因素合力造成的，所以不必为自己的失误承担全部责任。

3. 认识到许多结果是不可更改的

要认识到许多结果是不可更改的，所以内疚只是一种消极的解决方法，更有效的解决方法是认识错误，剖析错误，分清自己和他人的职责，不要把所有的罪责都揽到自己身上。

4. 竭尽所能帮助他人

这里所说的"帮助他人"，并不是只关注别人的需求，无条件地付出，而是投入自己的热情，竭尽所能地帮助他人。这样做能让你获得满足感。美国的一个小组对几千名社会救援组织成员进行调查，询问他们为他人服务时自己能从中得到什么，结果他们的答案惊人一致："精神快感、充实感。"

心理小课堂

为了研究罪责归己心理产生的原因，心理学家针对美国大学生进行了一项调查。研究人员要求学生们回忆并记录一件曾经给他人带去巨大喜悦的事情，结果发现，学生们对自我的不同看法对事件的叙述有很大的影响。那些信心十足的学生描述的情形大多是基于自己本人的能力带给他人的快乐，而那些信心不足的学生描述得更多的则是分析他人的需求，在意他人的感受。信心十足的人强调的多是自己的能力，而信心不足的人强调的多是利他主义。

由此可见，信心不足的人经常会把他人的需求放在首位，却忽略了自己的能力和正常需求，一旦事情出了纰漏，就把责任往自己身上揽，因为觉得自己没能满足他人的需求而自责。相比那些自我意识很强的人，这种人缺乏自我意识，是大家眼中的"老好人"，为此，他们付出了高昂的精神代价，更容易出现负面情绪。

以偏概全：偶遇挫折就一蹶不振

消极的人即使偶尔遇到一次挫折，也会以偏概全地认为是自己的能力不足造成的，从而全盘否定自己的能力和价值，陷入绝望之中。

在人生的道路上，偶尔失败是在所难免的，不过失败在我们的人生中只不过是一个瞬间，过去和未来都不被包括在内。假如你因此就把自己看成一个一无是处的人，从此一蹶不振，就陷入了以偏概全的错误思维之中。一旦你的大脑被这种消极的想法充斥，就会有更多的负面情绪随之而来，把你压得喘不过气来。

有些人因为觉得自己某些地方不如别人而缺乏自信，始终不敢让自己去尝试新的事物；有些人因伴侣离他而去而意志消沉，变得对爱情失去信心；有些人因事业不顺而闷闷不乐，甚至选择以结束生命的方式摆脱这种负面情绪。

严重的挫折感在人的心理上引起强烈的反应，并给人带来巨大的压力。假如人长期受此折磨，身心健康就会受到损害，人也会变得颓废、消沉，甚至变得一蹶不振。此时，许多人都会变得愤愤不平，习惯将错误和失败迁怒于他人，甚至变得冷酷无情，以玩世不恭的态度对待生活和工作，却不懂得自我反省。更有甚者，还会变得精神失常，出现心理疾病。

有一个年轻人失恋了，可是始终无法摆脱失恋的打击，渐渐变得情绪低落，已经影响到了他的正常生活，也没办法专心工作。他陷入了以偏概全的思维模式，怨恨前女友的薄情寡义，悔恨不该傻傻地付出。后来，他只得寻求心理医生的帮助。

心理医生对他说，其实他的处境远没有想象中那么糟。为了说明这一点，心理医生问："如果有一天，你坐在公园的长凳上休息，将一本非常喜欢的书放在长凳上，突然有个人径直向你走来，坐在你放在椅子上的书上，把你的书弄坏了，你会有何感想？"

年轻人回答说："我肯定特别生气，责怪他无缘无故损坏别人的东西。"

心理医生继续问："现在我要告诉你，假如他是一个盲人，你又会怎么想呢？"

年轻人摸了摸头，想了想说："那他肯定不知道椅子上放了本书，所以我不会生气。"

心理医生会心一笑，对他说："同样是把你的书压坏，你前后的情绪却截然相反，你知道是什么原因吗？"

年轻人回答说："可能是因为我对事情的看法不一样吧！"

对事情的看法不同，竟然能引起不同的情绪。很明显，有时候让我们难过和痛苦的并不是事情本身，而是对事情不正确的解释和评价。假如人们只是单纯地对自己的行为做出评价，把自己的行为划分为好的或坏的，那人们几乎不会有什么情绪上的困扰。许多人之所以会受到负面情绪的影响，是因为他们将对自己行为的不好评价延伸到对自己个人价值的评判上。即使偶尔犯了一个错误，他们也会将其看成不可原谅的行为，甚至把自己看成一个彻头彻尾的失败者。

心理学家发现，消极想法往往包括那些缺乏根据的推理，对问题的过度夸大或缩小，以及与自己进行消极的联系。比如"我没做好这件事，事业没希望了""恋人与我分手了，其他人也不可能喜欢我了""这次我在演讲时紧张得说不出话，以后演讲时肯定也会紧张得说不出话"……

每个人都或多或少会产生这些想法，面对这些观念，我们要做的就是主动质疑，因为负面情绪的产生实际上是一种警示，提醒我们注意自己的想法是否合理。

心理小课堂

情绪低落时，我们可以采取以下几种方法帮助自己摆脱这种情绪：

1. 找出自己的缺点

当期望落空时，先不要抱怨，也不要失落，而是要好好想一下期望落空的原因，仔细想一下自己究竟在哪一方面比较欠缺。是执行力欠缺，还是表达能力较差，或者是与人相处的能力较弱。只要能够找到自身的不足，就能够坦然面对错失的机会，心中也就有了努力改进的方向。

2. 调整自己的工作目标

一旦找到了自己的缺点，我们就要搞清楚自己的失望是否是目标太高造成的。所以，我们要立即调整自己的工作目标，从实际情况出发重新制定目标。比如，如果原先的目标是两年内创办一家公司，现在不妨把目标定为三年或四年，给自己一些缓冲的余地。

3. 朝着目标不断努力

有了更为合理的目标，就要朝目标不断努力，持之以恒地提高自己的能力，这样才能每天进步，情绪才能保持稳定。因为你的目标合理，来自目标的压力也是可控的，体内积聚的正能量将驱散那些消极情绪。

4. 多经历挫折

无论是谁，顺风顺水总是不利于个人的成长。只有经历风雨，才能见到彩虹。挫折可以让一个人面对困难时变得更有勇气。所以，我们应该摆正面对挫折时的态度，那样才能不断成熟，成长为生活中的强者。

主观臆断：偏见容易带入感情色彩

在判断某件事情时，我们往往只会看到某一个面，而自动忽略其他有可能的情况。而且在大多数情况下，人们都趋于相信不好的一面，从而让自己陷入消极情绪中。

在生活中，我们经常会习惯性地以己度人，把自己的情感、意志强加到他人身上，从而导致歪曲事实，做出错误的评价。在心理学上，我们把这称作"自我投射效应"。其实，许多误会就是这样产生的，各种负面情绪也是这样出现的。

美国著名心理学家桑代克称其为"晕轮效应"，即受心理定式等的影响，人们的认知与判断常常只从局部出发，然后经过扩散而得出整体印象，最后往往以偏概全，形成判断误差。

有一个年轻的小伙子家中比较贫困，于是在结婚时和女朋友商量："能不能一切从简，把金项链、金戒指和金耳环都免了？"女朋友说："不行，因为这是规矩。"女孩的父亲也不同意，坚持男方购买金项链、金戒指和金耳环，并且坚持要十万元彩礼。没办法，小伙子只好东挪西借，最后把钱凑齐了。

在婚礼上，女孩的父亲给小伙子一个红包，小伙子憋了一股气，接过来后直接把红包扔在了地上。经过许多人的劝说，他才捡起红包。后来有人说，你把红包打开，看看里面有多少钱吧！他打开后，发现里面一分钱都没有，只有一张存折，而存折上竟然有十万元存款。

原来，老丈人并不是想要从男方家捞钱，只是觉得按照当地的风俗一定要拿十万元彩礼，否则婚礼上会被人瞧不起。

故事中的小伙子并没有去了解老丈人的真正意图，而是依据自己的经验去推断老丈人的意图，这才引发了一连串情绪化的反应与冲动的行为。不得不说，这都是偏见惹的祸。

那么，常见的偏见都有哪些形式呢？

1. 证实偏见

在主观上，假如我们支持某种观点，通常会倾向于寻找那些可以支持我们原先观点的信息，却会在不知不觉中忽略那些可能推翻我们原来的观点的信息。

证实偏见是普遍存在的。比如，假如我们特别讨厌一个人，那么我们就会特别关注他的负面信息，从而证明他确实是一个令人讨厌的人。证实偏见就像是大脑中的过滤器，把认为正确的留下，然后把剩下的都丢进垃圾桶中。无论是对某个人、某部电影，还是对某个产品，我们都容易陷入证实偏见的思维。

证实并非是错误的，也并非是不必要的。可是关键在于证实仅仅是事物面貌的一部分。假如只有证实，就难以思考全面，很容易得出错误的结论。而假如从"伪证"的角度看现象，从反面去思考、质疑，最终的结论往往会更加可靠、更接近真实。

2. 后见偏见

评价一件已经发生的事情时，我们本该根据事情发生前的因素进行分析。但是，我们往往会在不知不觉间受到结果的影响，认为该事件的发生是由一些可以预知的因素激发的，并且往往是在结局让人感觉无奈、悲伤的时候发生。而且经常会觉得，假如事先考虑到怎样处理这些因素，就可以避免这些令人不快的事情发生。

做错了某件事或者做出了对自己不是最有利的决策后，我们常常会感到后悔，觉得自己本可以做得更好一些，在事后往往会把结果归为一些可以预测的因素。我们往往在事后才会想到这一点，或多或少有些"事后诸葛亮"的意味。不过，我们应该想到，就算我们考虑到了这一方面，也会忽略另一方面；即便我们不犯这种错误，也会犯另一种错误。假如我们想从以往的过失中总结经验教训，就应该尽量减少已知结果对我们思维的影响，最好彻底忘记已知结果。

3. 锚定偏见

锚定偏见指的是第一印象引导心理形成的偏见。比如，你问一个人："你是二十岁之前发家致富的还是二十岁之后发家致富的？"他就会倾向于发家致富的时间是二十岁左右。假如你问同样一个人："你是四十岁之前发家致富的还是四十岁之后发家致富的？"他就会倾向于发家致富的时间是四十岁左右。

心理学家研究发现，尽管最初的问题并没有什么实质性的意义，却能够影响人们的判断。

心理小课堂

美国心理学家卢钦斯为了验证首因效应，特意编撰了两段文字，描写了一个名叫吉姆的男孩的生活片段。一段文字把吉姆描写成热情、外向的人，另一段文字则把他描写成冷漠、内向的人。比如，第一段文字中说吉姆与朋友一起去上学，走在洒满阳光的马路上，与店铺里的熟人说话，与新结识的女孩子打招呼，等等；第二段文字中说吉姆放学后一个人步行回家，走在马路的背阴一侧，没有与新结识的女孩子打招呼，等等。

在实验中，卢钦斯把两段文字加以组合：第一组，描写吉姆热情外向的文字先出现，冷漠内向的文字后出现；第二组，描写吉姆冷漠内向的文字先出现，热情外向的文字后出现；第三组，只显示描写吉姆热情外向的文字；第四组，只显示描写吉姆冷漠内向的文字。

卢钦斯邀请四组实验对象分别阅读一组文字材料，然后回答问题"吉姆是一个什么样的人"，结果发现，第一组实验对象中有78%的人认为吉姆是友好的，第二组实验对象中只有18%的人认为吉姆是友好的，第三组实验对象中有95%认为吉姆是友好的，第四组实验对象中有3%认为吉姆是友好的。

研究结果充分表明，信息呈现的顺序会对社会认知产生影响，先呈现的信息往往比后呈现的信息具有更大的影响力。

杞人忧天：庸人自扰导致郁郁寡欢

　　总是被悲伤情绪困扰的人，往往喜欢从悲观的角度看问题。这样一来，他总会看到事物不好的一面，心情自然好不到哪里去，悲伤的情绪也就会乘虚而入。

　　不知你是否在雨天担心过自己会被雷电击中，或者在坐飞机时担心过飞机会坠落？我国古代有个成语叫"杞人忧天"，讲的是有个人经常担心天会塌下来。其实，想想这些事情发生的概率，你就会发现，它的概率小到令人发笑。

　　无论是把一件小事夸大成灾难，还是视为极其糟糕的情况，都会产生许多负面情绪，比如焦虑、消沉、绝望、忧郁等。这些情绪不仅不会对事情的改善有帮助，还会影响我们的工作和生活，危害我们的健康。

　　吴先生觉得自己好像得了癌症，于是来到大医院检查，希望及时发现，不要错过最佳的治疗期。

　　医生问他："你是否觉得身体上某个部位不舒服？"

　　吴先生回答说："似乎没什么地方特别不舒服。"

　　医生又问："有没有什么地方感觉很痛？"

　　吴先生回答说："我觉得都还好，没什么痛的地方。"

医生问："那你近期出现过体重减轻的状况吗？"

吴先生回答说："没有，我的体重非常正常。"

医生忍不住问："既然这样，你为什么怀疑自己得了癌症呢？"

吴先生回答说："我看了一本书，上面说癌症初期没有任何症状，而我就是这样啊！"

这种杞人忧天令人啼笑皆非，当一个人陷入胡思乱想的深渊时，就会给他人这样的感受。比如，夫妻二人明明很恩爱，妻子却总是抱怨丈夫"你为什么对每个人都很热情，我看你对我的事不上心，对别人的事倒是挺上心的"。虽然明知道担心毫无作用，但依然会衡量情况到底有多么糟糕，因为庸人自扰而心烦意乱。

郁郁寡欢时，首先要考虑一下自己的烦恼到底从何而来，是本来就有还是庸人自扰，只有这样才不会让它成为你成长的绊脚石。实际上，我们许多人的忧虑都是非常荒谬的，只要看一下概率，就会发现那种忧虑是在杞人忧天，这样就可以消除大多数烦恼。

人们之所以会被悲伤的情绪干扰，是因为看待问题的方式不正确。所以，想要克服悲伤的情绪，就必须培养自己积极乐观地看待问题的习惯。一旦养成这种习惯，你整个人的状态也会随之改变。因为在你遇到问题时，总会看到希望，而希望往往会给予你克服困难的力量。

改变看问题的方式和角度实际上属于认知心理流派经常使用的手段。因为在认知主义者看来，人们之所以会被各种心理问题困扰，是因为看待问题的方式出了问题。因此，认知主义者在进行心理治疗的过程中，经常会引导来访者从另外一个积极乐观的角度去看待问题，一旦来访者这么做时，心理问题就会得以解决。

心理小课堂

　　曾经有一位心理学家进行了一个非常有趣的实验。他要求一群受试者在某月第一周的星期日，将未来七天担心会发生的事情都写下来，然后投进一个巨大的烦恼箱中。到了第三周的星期日，他与这些受试者一一核对各项烦恼是否都出现了，结果发现，其中没有发生的烦恼多达90%。

　　紧接着，心理学家又要求大家把已经发生的10%的烦恼再次丢入纸箱中，三周后再来寻找解决的办法。可是到了开箱的那天，大家惊奇地发现，剩下的10%的烦恼已经不再是问题了，因为他们已有足够的能力来应付。

　　心理学家进一步研究发现，在大多数人忧虑的事情中，属于过去的占40%，属于未来的占50%；所担心的事情92%都没有发生，而剩下的8%则是自己能够轻松解决的。

　　这些实验告诉我们一个道理：实际上，我们的烦恼大多是杞人忧天，所担心的事情通常不会发生。所以，烦恼并不可怕，真正可怕的是我们常常深陷于烦恼中而不自知，把美好的时光都浪费在那些根本不会发生的事情上。

心理测试　你的情绪是否"过火"了

具有偏执型人格的人喜欢走极端，对别人不信任、敏感多疑，经常陷入敌对心理的旋涡中，严重影响身心健康。那么，你是否存在偏执情绪呢？快来测试一下吧！

（测试内容）

请根据自己近期的实际情况，如实回答以下问题，并计算出总分，判断你的情绪是否"过火"了。

1. 你对别人是否求全责备？

2. 你是否总是责怪别人给你制造麻烦？

3. 你是否感到大多数人都不可信？

4. 你是否会有一些别人没有的想法和念头？

5. 你是否无法控制住自己发脾气？

6. 你是否感到别人不理解你、不同情你？

7. 你是否认为别人对你的成绩没有做出恰当的评价？

8. 你是否总是感到别人想占你的便宜？

计分方法

没有	很轻	中等	偏重	严重
1分	2分	3分	4分	5分

结果分析

假如你的总分在10分以下，则说明你不存在偏执情况，是个心平气和的人。

假如你的总分在15～24分，则说明你存在一定程度的偏执，如果经常觉得环境不顺心，就要提高警惕并从自身找原因。

假如你的总分在25分以上，则说明你有偏执的症状，要学会控制情绪，不要"过火"。一旦遇到比较大的障碍，就要寻求心理医生的帮助。

识情绪，察心理

俄国文豪托尔斯泰描写过97种不同的笑容和85种不同的眼神。毫不夸张地说，人类的面部是最富表现力的部位，它能表达多种复杂的情绪，比如惊奇、愉悦、恐惧、疑惑、悲伤、厌恶、轻蔑等。如果你足够认真地观察一个人的表情，相信你肯定能破译他的情绪密码。

在生活中随处可见这样的例子：嘴上说不紧张，实际上双脚却在不断地轻敲地板或者双腿一直在晃动；嘴上说时间很紧，实际上走路却慢腾腾的；嘴上说不后悔，实际上却在不停地拍打头部。人们总是试图掩盖内心的真实想法，只顾把精力集中在编造谎言上，却没办法控制自己的肢体动作。不经意间，他们就会把内心的秘密泄露在一个简单的肢体动作里。

"没说谎？那你说话的声音怎么突然颤抖了？""不紧张？那你的语速怎么突然加快了？"在生活中，你是否经常遇到这种仅凭语言就能判断一个人是否撒谎的现象？语言真的能透露一个人的情绪吗？常识告诉我们，语言是人们最直接的交流工具，所有的语言都是自我心声的表露。而本书要告诉你的是，就算对方说话时言不由衷，其内心的情绪和心理状态也会通过语调、语速、措辞等泄露出来。

原来，表情、肢体动作、语言都是带有情绪的，也都能够泄漏一个人的心理秘密。通过学习本书的知识，你将学会如何通过一个人的表情、肢体动作和语言识别他的情绪，察觉他的心理。

实际上，情绪是人遇到有效刺激时的第一神经反应，它先于理智思维产生，是无法刻意伪装的。就算对方已经意识到自己的情绪并刻意控制，也会在不知不觉中露出马脚。不过，这种微妙的情绪反应是极其短暂的，特别是对那些深谙心理伪装术的高手而言，这种反应可能仅仅只持续0.04秒。但是，只要你能抓住这一瞬间的情感变化，并结合当时的场景分析，就能撕破他的伪装，识别他的真实情绪和心理状态。

除了识别他人的情绪、察觉他人的心理外，通过本书的学习，你还能识别自己的情绪，察觉自己的心理，并且学会如何控制自己的消极情绪，如何表达自己的情绪，怎样疏导自己的消极情绪，怎样挖掘自己的积极情绪，并且还会了解到情绪和思维之间的关系。从某种程度上说，这部分内容比识别他人情绪、察觉他人心理更为重要，因为它和你的身心健康息息相关，直接决定了你的生活是幸福美满还是凄苦不堪。

最后，我们衷心地祝愿每一位读者朋友都能够在收获知识的同时过上幸福美满的生活！